經濟部技術處110年度專案計畫

2021資訊硬體產業年鑑

中華民國110年9月30日

序

　　2020 年 COVID-19 疫情衝擊全球，迫使各國政府實施各種防疫政策，實施居家辦公、學習之措施，宅在家時間拉長因而帶動宅經濟之新生活型態商機。企業因為差旅支出大幅縮減，為滿足遠距工作需求，將預算轉向 IT 基礎設施升級，造就了數位轉型的契機。

　　回顧 2020 年臺灣資訊硬體產業動態，由於整體環境面的改變，造就遠距商機、數位轉型、疫後新常態的興起。此外，美中政治角力及疫情，促使廠商加速產業供應鏈移動的決心，資訊硬體業者為分散經營風險及符合客戶需求，逐步重新配置產能，朝區域供應鏈模式發展，而提升供應鏈韌性的同時，也讓臺灣資訊硬體產業面臨新的機會與挑戰。

　　為協助我國產業界瞭解 2020 年全球資訊產品產業發展動態，並掌握關鍵趨勢走向，在經濟部技術處產業技術基磐研究與知識服務計畫的支持下，由資策會產業情報研究所彙整編纂《2021 資訊硬體產業年鑑》，詳實記載臺灣資訊硬體產業在 2020 年的發展成果，並分析全球主要資訊市場的發展狀況、關鍵議題及新興應用產品的發展趨勢，提供產官學研各界完整而深入的資訊，以作為後續發展策略之參考依據。

　　感謝經濟部技術處與各研究機構的協助，致本年鑑順利付梓。期許《2021 資訊硬體產業年鑑》的出版，能幫助各界瞭解產業典範移轉過程的完整脈絡，對我國資訊硬體產業朝向數位轉型方向邁進有所助益。

財團法人資訊工業策進會　　執行長

中華民國110年8月

編者的話

《2021資訊硬體產業年鑑》收錄臺灣2020年資訊硬體產業狀況與發展趨勢分析，邀請資訊硬體領域多位專業產業分析人員共同撰寫，內容彙集臺灣資訊硬體產業近期的總體環境變化、全球與各區域主要資訊硬體市場以及產業的發展狀況，亦針對市場及產業的未來發展趨勢進行預測分析。期盼能提供給企業、政府，以及學術機構之決策和研究者，作為實用的參考書籍。

本年鑑以資訊硬體產業為研究主軸，主要探討四大類型產品包括桌上型電腦、筆記型電腦（含迷你筆記型電腦）、伺服器、主機板之發展狀況與趨勢；另亦針對科技大趨勢下的重點議題進行探討，包括人工智慧防疫、疫後新商機、供應鏈變化、雲端服務等。本年鑑內容總共分為六章，茲將各篇章之內容重點分述如下：

第一章：總體經濟暨產業關聯指標。該章內容包含經濟重要統計指標以及資訊硬體產業重要統計數據，透過數據背後意義的闡述，使讀者能夠正確地掌握2020年資訊硬體產業總體環境狀況。

第二章：資訊硬體產業總覽。該章概述全球與臺灣資訊硬體產業發展狀況，包括整體產業產值、市場發展動態主要產品產銷表現及市場占有率等，讓讀者得以快速掌握資訊硬體產業發展脈動。

第三章：全球資訊硬體市場個論。該章內容係探討四大類型產品，包括全球與主要地區之個別產品市場規模等，以協助讀者掌握全球資訊硬體市場的發展脈動。

第四章：臺灣資訊硬體產業個論。該章內容係探討四大類型產品之臺灣產業發展狀況與趨勢，包括主要產品產量與產值，產

品規格型態變化等，以協助讀者掌握臺灣資訊硬體產業的發展脈動。

第五章：焦點議題探討。該章從人工智慧防疫、疫後新商機、供應鏈變化、雲端服務等新興議題，提供讀者相關分析及資訊產品情報。

第六章：未來展望。該章內容係分析全球與臺灣資訊硬體產業整體發展趨勢，包括市場規模、市場占有率及未來產值趨勢預測等，希望輔助讀者未雨綢繆以預先進行策略規劃的調整。

附錄：內容收錄研究範疇與產品定義、資訊硬體產業重要大事紀，以及中英文專有名詞縮語／略語對照表，提供各界作為對照查詢與補充參考之用。

　　本年鑑感謝相關產業分析人員的全力配合，得以共同完成著作，使年鑑得以如期順利出版；惟內容涉及之產業範疇甚廣，若有疏漏或偏頗之處，懇請讀者不吝指教，俾使後續的年鑑內容更加適切與充實。

《2021資訊硬體產業年鑑》編纂小組　謹誌

中華民國110年8月

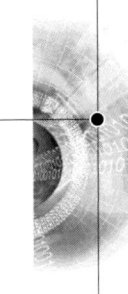

目 錄

第一章　總體經濟暨產業關聯指標 1
　一、全球經濟重要指標 1
　二、臺灣經濟重要指標 3

第二章　資訊硬體產業總覽 9
　一、產業範疇定義 9
　二、全球產業總覽 9
　三、臺灣產業總覽 11

第三章　全球資訊硬體市場個論 19
　一、全球桌上型電腦市場分析 19
　二、全球筆記型電腦市場分析 25
　三、全球伺服器市場分析 31
　四、全球主機板市場分析 36

第四章　臺灣資訊硬體產業個論 43
　一、臺灣桌上型電腦產業狀況與發展趨勢分析 43
　二、臺灣筆記型電腦產業狀況與發展趨勢分析 48
　三、臺灣伺服器產業狀況與發展趨勢分析 55
　四、臺灣主機板產業狀況與發展趨勢分析 62

第五章　焦點議題探討 67
　一、從 COVID-19 防疫看 AI 身分識別技術商機 67
　二、後疫情時代的未來生活新常態與因應之道 70

三、疫情對於「生產營運」帶來的影響與變化 86
　　四、雲端服務供應商於邊緣運算晶片布局策略分析 92
第六章　未來展望 111
　　一、全球資訊硬體市場展望 111
　　二、臺灣資訊硬體產業展望 114
附錄 121
　　一、範疇定義 121
　　二、資訊硬體產業重要大事紀 123
　　三、中英文專有名詞縮語／略語對照表 126
　　四、參考資料 128

Table of Contents

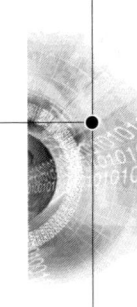

Chapter 1　Macroeconomic and Industrial Indicators 1
　　1. Global Economic Indicators 1
　　2. Taiwan Economic Indicators 3
Chapter 2　ICT Industry Overview 9
　　1. Scope and Definitions 9
　　2. Global ICT Industry 9
　　3. Taiwan ICT Industry 11
Chapter 3　Global ICT Hardware Market Overview 19
　　1. Desktop PC Market Analysis 19
　　2. Notebook PC Market Analysis 25
　　3. Server Market Analysis 31
　　4. Motherboard Market Analysis 36
Chapter 4　Taiwan ICT Hardware Industry Overview 43
　　1. Desktop PC Industry Status and Development Trends 43
　　2. Notebook PC Industry Status and Development Trends 48
　　3. Server Industry Status and Development Trends 55
　　4. Motherboard Industry Status and Development Trends 62
Chapter 5　Key Issues and Highlights 67
　　1. Market Opportunities for AI-powered ID Recognition during COVID-19
　　　 67
　　2. New Normal in Lifestyles Post COVID-19 70
　　3. COVID-19 Impact on Production and Operations 86

4. Strategies of Cloud Service Providers for Edge Computing ICs 92

Chapter 6　Outlook for the ICT Industry 111

1. Global ICT Hardware Market 111

2. Taiwan ICT Hardware Market 114

Appendix 121

1. Scope and Definitions 121

2. ICT Hardware Industry Milestones 123

3. List of Abbreviations 126

4. References 128

圖目錄

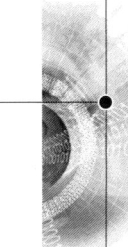

圖 2-1	2013-2020年全球資訊硬體產業產值	9
圖 2-2	2010-2020年臺灣資訊硬體產業產值	11
圖 2-3	臺灣主要資訊硬體產品全球市場占有率	14
圖 2-4	臺灣資訊硬體產業出貨區域產值分析	15
圖 2-5	臺灣資訊硬體產業生產地產值分析	16
圖 2-6	2019-2025年臺灣資訊硬體產業總產值之展望	17
圖 2-7	2019-2025臺灣主要資訊硬體產品全球占有率長期展望	17
圖 3-1	2016-2020年全球桌上型電腦市場規模	20
圖 3-2	2016-2020年北美桌上型電腦市場規模	21
圖 3-3	2016-2020年西歐桌上型電腦市場規模	22
圖 3-4	2016-2020年日本桌上型電腦市場規模	23
圖 3-5	2016-2020年亞洲桌上型電腦市場規模	24
圖 3-6	2016-2020年其他地區桌上型電腦市場規模	25
圖 3-7	2016-2020年全球筆記型電腦市場規模	26
圖 3-8	2016-2020年北美筆記型電腦市場規模	27
圖 3-9	2016-2020年西歐筆記型電腦市場規模	28
圖 3-10	2016-2020年日本筆記型電腦市場規模	29
圖 3-11	2016-2020年亞洲筆記型電腦市場規模	30
圖 3-12	2016-2020年其他地區筆記型電腦市場規模	31
圖 3-13	2016-2020年全球伺服器市場規模	32

圖 3-14	2016-2020年北美伺服器市場規模	33
圖 3-15	2016~2020年西歐伺服器市場規模	34
圖 3-16	2016-2020年日本伺服器市場規模	34
圖 3-17	2016-2020年亞洲伺服器市場規模	35
圖 3-18	2016-2020年其他地區伺服器市場規模	36
圖 3-19	2016-2020年全球主機板市場規模	37
圖 3-20	2016-2020年北美主機板市場規模	38
圖 3-21	2016-2020年西歐主機板市場規模	39
圖 3-22	2016-2020年日本主機板市場規模	39
圖 3-23	2016-2020年亞洲主機板市場規模	40
圖 3-24	2016-2020年其他地區主機板市場規模	41
圖 4-1	2016-2020年臺灣桌上型電腦產業總產量	44
圖 4-2	2016-2020年臺灣桌上型電腦產業總產值	44
圖 4-3	2016-2020年臺灣桌上型電腦產業業務型態別產量比重	45
圖 4-4	2016-2020年臺灣桌上型電腦產業銷售地區別產量比重	46
圖 4-5	2016-2020年臺灣桌上型電腦產業中央處理器採用架構分析	47
圖 4-6	2016-2020年臺灣筆記型電腦產業總產量	49
圖 4-7	2016-2020年臺灣筆記型電腦產業總產值	50
圖 4-8	2016-2020年臺灣筆記型電腦產業業務型態別產量比重	51
圖 4-9	2016-2020年臺灣筆記型電腦產業銷售地區別產量比重	52
圖 4-10	2016-2020年臺灣筆記型電腦產業尺寸別產量比重	53
圖 4-11	2016-2020年臺灣筆記型電腦產業產品平台型態	54
圖 4-12	2016-2020年臺灣伺服器系統產業總產量	56
圖 4-13	2016-2020年臺灣伺服器主機板產業總產量	56
圖 4-14	2016-2020年臺灣伺服器系統產值與平均出貨價格	57

圖 4-15	2016-2020年臺灣伺服器主機板產值與平均出貨價格	58
圖 4-16	2016-2020年臺灣伺服器系統產業業務型態別比重	59
圖 4-17	2016-2020年臺灣伺服器系統產業銷售區域比重	60
圖 4-18	2016-2020年臺灣伺服器系統產業外觀形式出貨分析	61
圖 4-19	2016-2020年臺灣主機板產業總產量	63
圖 4-20	2016-2020年臺灣主機板產業產值與平均出貨價格	63
圖 4-21	2016-2020年臺灣主機板產業業務型態	64
圖 4-22	2016-2020年臺灣主機板產業出貨地區別產量比重	65
圖 4-23	2016-2020年臺灣主機板產業分析（處理器採用架構）	66
圖 5-1	國際視訊直播教學工具	73
圖 5-2	主要國家遠距醫療推動政策	74
圖 5-3	Chase Walker Hotel無人旅館	82
圖 5-4	雲端運算與邊緣運算整體技術階層結構	94
圖 5-5	雲端運算與邊緣運算整體功能連結介面	100

表目錄

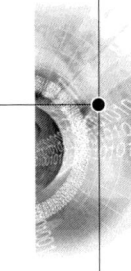

表 1-1	2016-2021 年全球與主要地區經濟成長率	2
表 1-2	2016-2021 年主要國家與地區經濟成長率	2
表 1-3	2016-2021 年主要國家 CPI 變動率	3
表 1-4	臺灣經濟成長與物價變動	4
表 1-5	臺灣消費年增率	5
表 1-6	臺灣工業生產指數年增率	5
表 1-7	臺灣對主要貿易地區進口總額年增率	6
表 1-8	臺灣對主要貿易地區出口總額年增率	6
表 1-9	2020 年臺灣外銷訂單主要接單地區	7
表 1-10	2020 年臺灣外銷訂單主要接單貨品類別	7
表 1-11	臺灣核准華僑及外國人、對外、對中國大陸投資概況	8
表 1-12	臺灣貨幣、利率與匯率概況	8
表 1-13	臺灣勞動力與失業概況	8
表 2-1	2020 年臺灣主要資訊硬體產品產銷表現	13
表 5-1	全球都市化程度	80
表 5-2	雲端服務供應商邊緣運算定義內容比較	96
表 5-3	不同業種之於邊緣運算定義內容與比較	98
表 5-4	雲端服務供應商邊緣運算晶片布局比較	109

第一章 總體經濟暨產業關聯指標

一、全球經濟重要指標

COVID-19 疫情自 2019 年底由中國大陸開始向外蔓延，至 2020 年演變成全球疫情，所幸各國政府採取財政援助措施，減緩了經濟成長率的下滑幅度。2021 上半年疫情持續蔓延，甚至在英國、南非、巴西、日本等地陸續出現了變種病毒的蹤跡，全球經濟前景依舊充滿「高度的不確定性」，經濟活動仍與疫情發展密切相關。

2021 年全世界的經濟復甦速度主要取決於 COVID-19 疫情與疫苗之間的拉力戰，由於各國疫苗施打進度不均以及陸續出現新變種病毒，持續左右疫情和經濟成長的前景。不過觀察目前全球的疫苗施打進度，進入第二季後各國接種情況日漸普及，疫苗覆蓋率的提高有助全球經濟逐步擺脫疫情的拖累，正因如此，IMF 預估全球經濟成長將有望在 2021 年反彈成長至 6.0%。

儘管疫情尚未被擊敗，全球經濟復甦力量仍強勁，包含美國、歐元區、英國、日本等先進開發國家政府陸續推出財政刺激政策，擴大寬鬆貨幣政策以支撐受疫情衝擊的實體經濟。此外，發展中經濟體，包含中國大陸、越南、泰國等，也紛紛實施景氣復甦計畫，採取降息、降準、專案貸款等適當措施，以支持物價及金融穩定。

後疫情時代，經濟復甦議題是各國即將面臨的機會與挑戰，除了藉由施打疫苗控制疫情之外，新經貿秩序轉向開放市場與供應鏈調整並重，對全球經濟將產生更多長遠影響。另一方面，因為疫情面臨與過往不同的生活交流模式，居家辦公、線上學習、在家娛樂等新生活形態亦將為資訊硬體產業帶來全新的變局。

表 1-1　2016-2021 年全球與主要地區經濟成長率

單位：%

地區	2016	2017	2018	2019	2020	2021（e）
全球（EIU）	3.2	3.7	3.6	3.4	-3.2	5.6
全球（IMF）	3.2	3.8	3.6	3.3	-3.3	6.0
先進開發國家	1.7	2.3	2.2	1.8	-4.7	5.1
歐元區	1.8	2.3	1.8	1.3	-6.6	4.4
新興與發展中國家	4.4	4.8	4.5	4.4	-2.2	6.7
獨立國協	0.4	2.1	2.8	2.2	-3.1	3.8
亞洲開發中國家	6.5	6.5	6.4	6.3	-1.0	8.6
歐洲開發中國家	3.2	5.8	3.6	0.8	-2.0	4.4
拉丁美洲和加勒比海	-0.6	1.3	1.0	1.4	-7.0	4.6
中東及北非	4.9	2.6	1.8	1.5	-2.9	3.7
撒哈拉以南非洲	1.4	2.8	3.0	3.5	-1.9	3.4
歐盟	2.0	2.7	2.2	1.6	-6.1	4.4

備註：各主要地區之經濟成長率係採 IMF 之資料
資料來源：IMF、EIU，資策會 MIC 經濟部 ITIS 研究團隊整理，2021 年 7 月

表 1-2　2016-2021 年主要國家與地區經濟成長率

單位：%

國家	2016	2017	2018	2019	2020	2021（e）
臺灣	1.4	2.9	2.6	2.5	3.1	4.7
美國	1.5	2.3	2.9	2.2	-3.5	6.4
日本	0.9	1.7	0.8	1.0	-4.8	3.3
德國	1.9	2.5	1.5	0.8	-4.9	3.6
法國	1.2	1.8	1.5	1.3	-8.2	5.8
英國	1.9	1.8	1.4	1.2	-9.9	5.3
韓國	2.8	3.1	2.7	2.6	-1.0	3.6
新加坡	2.4	3.6	3.2	2.3	-5.4	5.2
香港	2.1	3.8	3.0	2.7	-6.1	4.3
中國大陸	6.7	6.9	6.6	6.3	2.3	8.4

備註：除臺灣數據為官方公布外，其餘各國數據係採 IMF 之資料
資料來源：IMF，資策會 MIC 經濟部 ITIS 研究團隊整理，2021 年 7 月

觀察消費者物價指數（CPI）變化，美國漲幅領先其他國家，由於經濟復甦態勢力道增強，旅遊相關服務成本從疫情受限的程度持續反彈，帶動 CPI 成長力道，相對的，通膨議題也同步浮上檯面，主因為美國經濟快速復甦，企業產能滿足不了消費者強勁需求所致。反觀日本表現卻是相對於其他國家落後，顯示與歐美國家當前的通膨走勢不同，呈現通縮現象。

表 1-3　2016-2021 年主要國家 CPI 變動率

單位：%

國別／年	2016	2017	2018	2019	2020	2021（e）
美國	1.3	2.7	2.4	1.8	1.2	3.0
日本	-0.1	1.0	1.0	0.5	0.0	-0.3
德國	0.4	2.0	1.9	1.5	0.5	1.7
法國	0.3	1.4	2.1	1.1	0.5	1.0
英國	0.6	2.5	2.5	1.7	0.5	1.1
韓國	1.0	1.8	1.5	0.4	0.5	1.8
新加坡	-0.5	1.0	0.4	0.6	-0.2	1.3
香港	2.5	2.6	2.4	2.9	0.3	1.1
中國大陸	2.0	2.4	2.1	2.9	2.4	0.4

資料來源：行政院主計總處，資策會 MIC 經濟部 ITIS 研究團隊整理，2021 年 7 月

二、臺灣經濟重要指標

臺灣本土疫情雖然自 5 月中進入三級警戒，限制人流管制結果重創國內休閒旅遊、零售與餐飲服務業，造成內需消費市場受到壓抑，不過因為全球經濟迎來反彈復甦，臺灣生產出口持續熱絡，國際機構 IMF 預估臺灣 2021 年經濟成長率可望達到 4.7%，較 2020 年 10 月時預測的 3.2%上調 1.5 個百分點，2022 年回到 3.0%的正常水準。

上調經濟成長率主要包含三大因素，其一，雖然臺灣疫情自 5 月升溫，至 7 月為止仍是在疫情控制與經濟解封之間備受考驗，不過看好疫情回穩後民間消費所帶來的反彈效力，加上臺灣正陸續開放疫苗施打，當疫苗接種普及後，社區就有基本保護力，屆時逐步鬆綁邊境管制外，亦對經濟活動有所助益。其二，因應全球供應鏈轉變調整，國內半導體、記憶體、封測等產業的資本設備進口與國內投資生

產皆有增加，加上臺商回流投資帶動與政府公共建設持續落實，成長動能樂觀看待。其三，主要國家疫情開始受控且解封需求湧現，上半年臺灣進出口表現佳，下半年進入傳統旺季，2021年經濟動能可望由消費、投資、出口三方面拉動經濟復甦，有助經濟正向成長。

另一方面，臺灣主計總處於6月份公布2021年最新的臺灣經濟成長率預估保五，較2021年2月發表的4.46%一路上修至5.46%。細究預測成長主因為假設臺灣疫情於第三季後期好轉，且不影響製造業出口暢旺的狀況下，製造業可望成為帶動臺灣經濟成長主力。在中華經濟研究院7月份最新的估計中，預估臺灣經濟成長率為5.12%，主因為臺灣經濟與全球高度連動，特別是美、中兩大經濟體為臺灣最主要的出口市場，其經濟成長率都將大幅反彈，使得臺灣經濟表現受到激勵。

儘管各機構皆正向預測臺灣經濟表現，但臺灣仍有需待留意之議題，包含下半年疫情是否可控制、電力供應、勞動力短缺等挑戰，臺灣經濟成長幅度將會隨著是否控制得宜而有所變化。

表1-4　臺灣經濟成長與物價變動

年別	經濟成長率（GDP）（%）	國民生產毛額（GDP）（新臺幣百萬元）	平均每人GDP（per capita GDP）（新臺幣元）	消費者物價上升率（%）	躉售物價上升率（%）
2016年	1.51	17,176,300	730,411	1.39	-2.98
2017年	3.08	17,501,181	742,976	0.62	0.90
2018年	2.79	17,777,003	754,027	1.35	3.63
2019年	2.96	18,898,571	801,037	0.56	-2.26
2020年	3.12	19,766,240	838,191	-0.23	-7.79
2021年（f）	4.64	20,731,066	879,597		
第1季（e）	8.92	5,223,912	221,884		
第2季（f）	7.16	5,014,265	212,774		
第3季（f）	3.19	5,253,817	222,935		
第4季（f）	2.44	5,452,415	231,268		

備註：（e）為初步統計數，（f）為預測數
資料來源：行政院主計總處，經濟部統計處，資策會MIC經濟部ITIS研究團隊整理，2021年7月

表 1-5 臺灣消費年增率

單位：%

年別	民間消費實質成長率
2016 年	1.74
2017 年	2.32
2018 年	2.29
2019 年	1.58
2020 年	-5.21

資料來源：行政院主計總處，資策會 MIC 經濟部 ITIS 研究團隊整理，2021 年 7 月

表 1-6 臺灣工業生產指數年增率

基期=2011 年	工業生產指數合計（％）	礦業及土石採取業（％）	製造業（％）	電力燃氣業（％）	用水供應業（％）
2016 年	1.97	-9.67	1.91	3.43	0.50
2017 年	5.00	-2.00	5.27	2.22	1.30
2018 年	3.65	-3.65	3.93	0.39	0.09
2019 年	-0.35	-3.66	-0.45	1.14	0.36
2020 年	7.08	17.23	7.56	1.18	1.30

資料來源：經濟部統計處，資策會 MIC 經濟部 ITIS 研究團隊整理，2021 年 7 月

觀察 2020 年我國對外貿易總額 6,317.7 億美元，較 2019 年增加 2.8%，其中出口金額增加 4.9%，創歷年來新高，進口金額亦增加 0.1%，刷新過去紀錄。2020 年受到 COVID-19 疫情影響，全球經濟萎縮，然疫情之下帶來的遠距商機，讓全球增加科技產品的使用需求，加上 2020 年我國防疫有成、臺商回流投資生產，以及政府持續加強拓銷，使得我國在出口表現上相當亮眼。

進一步剖析主要進出口市場與貨品，2020 年我國第一大進出口市場為中國大陸(含香港)，最大進出口貨品皆為電子零組件。其中，電子零組件又以積體電路出口最旺，主要受惠於智慧型手機、新興科技運用的商機，加上華為禁令拉貨效應、5G 通訊等利多，以及我國半導體廠商技術領先之優勢，讓積體電路產品需求居高不下。

表 1-7　臺灣對主要貿易地區進口總額年增率

單位：%

地區＼年別	2016 年	2017 年	2018 年	2019 年	2020 年
NAFTA	-2.3	6.0	15.1	4.7	-6.6
美國	-2.1	5.7	14.8	5.2	-6.8
加拿大	-13.0	33.9	20.0	-7.9	-15.6
亞洲地區	1.3	11.1	9.4	0.3	7.4
日本	4.5	3.3	5.2	-0.3	4.2
香港	-9.4	13.6	-6.8	-24.6	14.1
中國大陸	-2.8	13.8	7.5	6.7	10.8
南韓	8.9	15.3	15.6	-9.2	16.1
東協	-6.5	14.3	11.2	1.3	2.6
歐洲地區	1.5	8.6	10.0	5.7	0.6
歐盟 28 國	3.2	7.4	7.3	11.1	-0.7
合計	-2.8	12.4	10.4	0.3	0.1

資料來源：財政部統計處，資策會 MIC 經濟部 ITIS 研究團隊整理，2021 年 7 月

表 1-8　臺灣對主要貿易地區出口總額年增率

單位：%

地區＼年別	2016 年	2017 年	2018 年	2019 年	2020 年
NAFTA	-3.9	10.2	7.9	15.6	7.7
美國	-3.0	10.2	7.4	17.1	9.3
加拿大	-13.6	8.0	15.2	-6.2	-8.8
亞洲地區	-0.5	14.5	5.3	-3.7	6.8
日本	-0.2	6.3	11.1	2.1	0.5
香港	-1.9	7.4	0.9	-2.6	21.5
中國大陸	0.6	20.4	8.7	-4.9	11.6
南韓	-0.7	15.2	8.5	7.5	-10.5
東協	-0.7	14.2	-0.6	-7.2	-1.3
歐洲地區	1.0	11.2	8.3	-4.8	-5.4
歐盟 28 國	1.9	10.6	8.4	-5.2	-5.0
合計	-1.8	13.2	5.9	-1.4	4.9

資料來源：財政部統計處，資策會 MIC 經濟部 ITIS 研究團隊整理，2021 年 7 月

表1-9　2020年臺灣外銷訂單主要接單地區

主要地區	金額（億美元）	較上年增減（%）
總計	5,337	49.0
中國大陸及香港	1,377	55.7
美國	1,616	49.9
歐洲	1,089	61.7
東協	465	37.1
日本	286	49.2

備註：自106年4月起原東協六國改東協，包括新加坡、馬來西亞、菲律賓、泰國、印尼、越南、汶萊、寮國、緬甸及柬埔寨等十國。

資料來源：經濟部統計處，資策會MIC經濟部ITIS研究團隊整理，2021年7月

表1-10　2020年臺灣外銷訂單主要接單貨品類別

主要類別	金額（億美元）	較上年增減（%）
資訊通信	1,644	68.2
電子產品	1,614	58.8
光學器材	243	58.7
基本金屬	249	21.2
塑橡膠製品	218	40.4
化學品	174	7.4
機械	208	33.5
電機產品	201	46.6
礦產品	66	-46.6
其餘貨品	719	48.7

備註：精密儀器名稱變更為光學器材，鐘錶、樂器移至其餘貨品

資料來源：經濟部統計處，資策會MIC經濟部ITIS研究團隊整理，2021年7月

表 1-11　臺灣核准華僑及外國人、對外、對中國大陸投資概況

年別	核准華僑及外國人投資（千美元） 總計	華僑	外國人	核准對外投資（千美元）金額	核准對中國大陸投資（千美元）金額
2016 年	11,037,061	10,827	11,026,234	12,123,094	9,670,732
2017 年	7,513,192	9,400	7,503,791	11,573,208	9,248,862
2018 年	11,440,234	11,772	11,428,462	14,294,562	8,497,730
2019 年	11,195,975	38,754	11,157,221	6,851,155	4,173,090
2020 年	9,110,510	8,054	9,102,456	11,805,105	5,906,489

備註：核准對中國大陸投資統計資料包含補辦許可案件之統計金額
資料來源：經濟部投資審議委員會，資策會 MIC 經濟部 ITIS 研究團隊整理，2021 年 7 月

表 1-12　臺灣貨幣、利率與匯率概況

年別	M1B 年增率（％）	M2 年增率（％）	放款與投資年增率（％）	重貼現率（％）	貨幣市場利率（％）	匯率（新臺幣／美元）
2016 年	6.33	4.51	3.89	1.375	0.39	32.32
2017 年	4.65	3.75	4.82	1.375	0.44	30.44
2018 年	5.32	3.52	5.04	1.375	0.49	29.06
2019 年	7.15	3.46	4.94	1.375	0.55	30.93
2020 年	10.34	5.84	6.79	1.375	0.39	29.58

資料來源：中央銀行，資策會 MIC 經濟部 ITIS 研究團隊整理，2021 年 7 月

表 1-13　臺灣勞動力與失業概況

年別	勞動力（千人）	勞動參與率（％）	就業者（千人）	失業者（千人）	失業率（％）
2016 年平均	11,727	58.75	11,267	460	3.92
2017 年平均	11,795	58.83	11,352	443	3.76
2018 年平均	11,874	58.99	11,434	440	3.71
2019 年平均	11,946	59.17	11,500	446	3.73
2020 年平均	11,964	59.14	11,504	460	3.85

資料來源：行政院主計總處，資策會 MIC 經濟部 ITIS 研究團隊整理，2021 年 7 月

第二章　資訊硬體產業總覽

一、產業範疇定義

本文中所提及之資訊硬體產業範疇，以資訊硬體終端產品及關鍵零組件為主，涵蓋四大產品包括：桌上型電腦、筆記型電腦（含迷你筆記型電腦）、伺服器、主機板等。

二、全球產業總覽

根據資策會 MIC 研究調查，2020 年全球主要資訊硬體產業產值為 185,203 百萬美元，相較 2019 年 171,577 百萬美元成長 7.9%。COVID-19 疫情對資訊產業影響甚鉅，先後對供給端和需求端帶來衝擊，亦使全球經濟陷入明顯衰退。不過，受惠遠距刺激宅經濟需求發威，2020 年全球主要資訊硬體產業除了桌上型電腦之外，其他產品產值均呈正成長，其中又以筆記型電腦表現最佳。

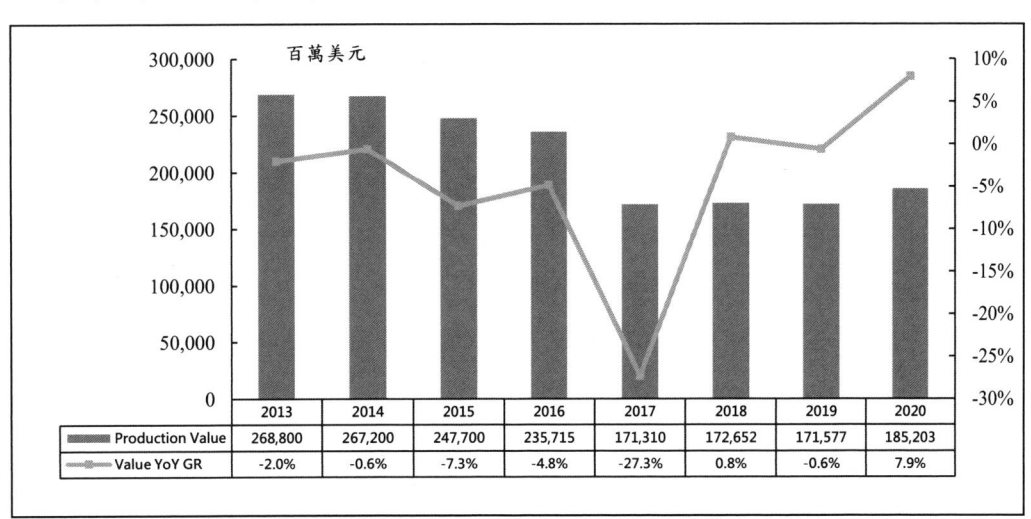

備註：2016 年（含）以前統計產品包含桌上型電腦、筆記型電腦、伺服器、液晶監視器、液晶電視、平板電腦、智慧型行動電話、主機板以及面板等。2017 年以後僅含桌上型電腦、筆記型電腦、伺服器以及主機板

資料來源：資策會 MIC 經濟部 ITIS 研究團隊整理，2021 年 7 月

圖 2-1　2013-2020 年全球資訊硬體產業產值

就個別產業而言，雖然 COVID-19 疫情使全球經濟遭受重創，卻意外激發遠距商機，2020 年筆記型電腦產品因便於攜帶、運算效能佳，且價格多落在商業用戶與一般民眾可負擔的範圍，成為了遠距上班、上課以及線上娛樂的首選工具，使其產值相較 2019 年大幅成長。反觀桌上型電腦產業則因企業辦公室關閉並實施居家辦公，導致商用市場萎縮，產值呈下滑表現。

伺服器產業因疫情期間國際大廠開始嘗試大規模的遠距上班，刺激了許多雲端應用開發，也提高了資料中心拉貨力道，產值持續成長。主機板產業因為疫情導致民眾被限制外出，民眾都宅在家的因素反倒助長電競風潮，帶動近 10 年來市場規模已進入衰退的主機板，意外成為受惠者之一，電競主機板因為毛利相對較高，間接提高了產值表現。

就品牌廠全球市占表現而言，前三大電腦品牌廠市占率持續提升，桌上型電腦前三大品牌廠（Lenovo、HP、Dell）合計市占率近六成，筆記型電腦前三大品牌廠（HP、Lenovo、Dell）市占率約達 63%。在 COVID-19 帶來新的 PC 剛性需求，品牌廠無不積極布局此波因遠距生活帶來的新商機。但同時也因為疫情的影響下，缺料問題一直未獲改善，由於國際一線品牌商可獲得的供貨順位較為優先，使得二、三線廠商經營挑戰加劇。

就供應鏈而言，從美中貿易戰的開始，讓整個資訊硬體產業供應鏈蠢蠢欲動，2020 年初又遇上 COVID-19 疫情的突發事件，更是加速了整個產業供應鏈移動的決心。此波疫情最早在 2019 年 12 月從中國大陸開始擴散，初期即造成中國大陸武漢和湖北地區封城隔離，隨後各大省市亦進行封閉管理，疫情期間導致中國大陸工廠延後開工，進而影響料件供應的製造排程與出貨。

伺服器產業同樣面臨挑戰，疫情期間採用的遠距辦公模式，使資安防護備受重視，在資訊的安全考量下，美國伺服器品牌商持續降低中國大陸生產製造伺服器的比重，以避免資安風險，但是中國大陸伺服器品牌商則持續提高中國大陸生產製造伺服器的比重，目的是強化伺服器產業鏈整合。

第二章　資訊硬體產業總覽

疫情爆發以來，已使 PC 業者重新檢視生產基地過於集中於中國大陸的問題，為維持不間斷生產製造能力及符合資安需求，資訊硬體產業將走向全球區域化生產模式，採取可分散風險之措施。

三、臺灣產業總覽

根據資策會 MIC 研究調查，2020 年臺灣主要資訊硬體產業產值約為 132,489 百萬美元，相較前一年表現，成長幅度為 17.0%。

進一步分析資訊硬體產業產值上升的原因，筆記型電腦（以下簡稱筆電）、伺服器出貨表現皆高於 2019 年所致，由於 COVID-19 疫情促使人類被迫遠距上班、線上學習、在家娛樂等，宅經濟的興起帶動商用與教育用筆電、伺服器的資料中心以及雲端科技等需求大幅提升，刺激資訊硬體整體產值增加。主機板也因為宅經濟需求與新品效應下，電競機種平均售價較高而提高產值。然桌上型電腦（以下簡稱桌機）卻因為疫情導致商用市場的需求萎縮，連帶讓產值降低。

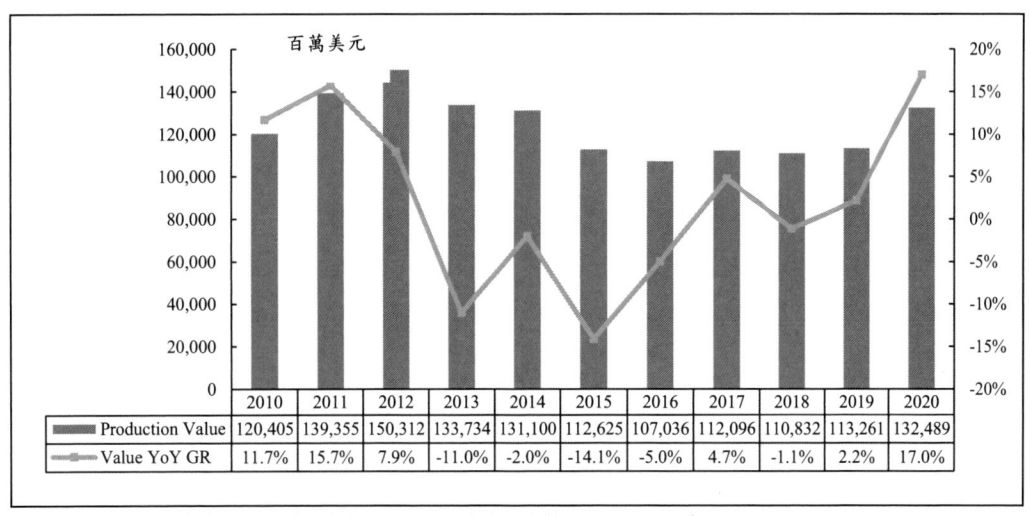

資料來源：資策會 MIC 經濟部 ITIS 研究團隊整理，2021 年 7 月

圖 2-2　2010-2020 年臺灣資訊硬體產業產值

回顧 2020 年臺灣主要資訊硬體產業產值表現，關於臺灣桌上型電腦產業，2020 年臺灣桌機產值約 11,556 百萬美元，年衰退率約

12.6%，受COVID-19疫情攪局衝擊全年桌機市場出貨表現。由於疫情期間大多數企業辦公室保持關閉狀態並實施居家辦公措施，導致企業將原本計劃更換桌機的預算改為購買攜帶性較高的筆電產品，對以商用市場為主的桌機影響甚鉅。2020下半年新品輩出之際，零組件供貨缺口卻越趨明顯，疫情導致出貨不順為原因之一，其次則是因上游零組件原料相通，上游業者優先供貨給毛利較高產品，導致桌機零組件缺貨問題一直無法完全解決。另一方面，因元件缺貨不斷、供不應求狀況促使價格調整，成本上升也使業者調升產品售價影響消費者購買意願，致使2020年出貨呈衰退現象，連帶影響產值表現。

關於臺灣筆記型電腦產業，因COVID-19疫情使筆電供不應求，臺灣業者創下史上最佳出貨紀錄，2020年臺灣筆電產值約73,713百萬美元，年成長率約28.0%。2020年初COVID-19迅速蔓延全球，世界各國紛紛採取封城、停班、停課等措施防疫，雖然使全球經濟遭受重創，卻意外激發遠距商機。全球掀起居家辦公、遠距教學的風潮，人們被迫待在家中上班、上課的狀況，促使攜帶性佳的筆電成為重要的協作工具，因而拉抬筆電需求的成長，故筆電自2020年第二季起，出貨量呈現每季節節上升的盛況，使臺灣筆電產值大幅提升。

關於臺灣伺服器產業，2020年臺灣伺服器產值約12,965百萬美元，年成長率約3.2%。2020上半年全球開始相繼封城，造成伺服器產業供應不穩，同時也順勢帶動了數位轉型浪潮，國際大廠開始嘗試大規模的遠距上班，刺激了許多雲端應用開發，亦提高了資料中心拉貨力道，同時推升了新一波伺服器表現。

關於臺灣主機板產業，2020年臺灣主機板產值約4,125百萬美元，年衰退率約2.6%。2020年GPU新品繁多，適逢兩年一次的重大架構更新，NVIDIA與AMD新品輪番上陣擄獲大眾目光。在新品效應與COVID-19疫情刺激宅經濟需求旺盛，以及具有高毛利的電競應用高階主機板多由臺灣業者代工生產，因而推升2020年臺灣主機板產值增加。

表 2-1　2020 年臺灣主要資訊硬體產品產銷表現

產品類別	2020產值 （百萬美元）	2020/2019 產值成長率	2020產量 （千台）	2020/2019 產量成長率
桌上型電腦	11,556	-12.6%	42,782	-14.1%
筆記型電腦	73,713	28.0%	163,196	26.3%
伺服器	12,965	3.2%	4,447	3.2%
主機板	4,125	-2.6%	77,049	-6.0%

註 1：筆記型電腦產銷數據包含主流筆記型電腦與迷你筆記型電腦等產品型態
註 2：主機板產銷數據包含純主機板、準系統及全系統等出貨型態
註 3：伺服器產銷數據包含準系統及全系統等出貨型態，未包含純主機板出貨型態
資料來源：資策會 MIC 經濟部 ITIS 研究團隊整理，2021 年 7 月

觀察 2020 年臺灣主要資訊硬體產品全球市占率，桌上型電腦從 53.1%提升為 53.2%、筆記型電腦從 80.3%提升為 81.5%、伺服器從 35.7%提升為 35.8%、主機板從 81.2%下降為 80.9%。

比較各產品全球占比消長變化驅動，2020 年桌機比重成長動能主要歸功於疫情期間逆勢成長的一體成型電腦（All-in-One PC, AIO PC）與電競桌機等利基型產品。由於疫情讓多數民眾在家時間拉長，想為家中設備升級但仍鎖定桌機產品的用戶，紛紛轉向投資較一般桌機高級的 AIO PC。同時，受惠於宅經濟需求發威，人們的社交活動型態改變，電競遊戲被當作是休閒娛樂、社交互動，帶動電競桌機市場需求，亦使前三大 PC 品牌市占率提升，連帶促進臺灣代工業者出貨表現。

筆記型電腦比重上升主要是疫情刺激遠距商機大增，民眾希望在家中每人可有一台電腦，由於手邊的舊電腦可能無法運行視訊與工作常用的軟體等因素而被迫汰換更新。臺灣代工業者因承接的筆電訂單涵蓋了高階的商用與電競機種至入門級的教育筆電，進而提升了臺灣筆電產值表現。

伺服器比重上升的原因與資料中心需求增加有關，由於臺灣各伺服器代工廠在資料中心市場皆占有一席之地，在資料中心需求持

續提升的狀況下，讓臺灣伺服器代工廠獲得諸多利益。因資料中心需要較高效能之伺服器，毛利較高之因素因而帶動伺服器產值表現。

主機板產業比重下滑原因主要受桌機市場需求嚴重衰退影響。2020下半年開始零組件缺貨事件陸續展開，尤以各類IC供貨不足情況最為嚴重，歸納原因與新品輩出以及市場需求高漲有關，突發性的大缺貨問題導致即使品牌廠滿手訂單也無法出貨，影響主機板出貨表現。同時，缺貨問題甚至讓元件因而漲價，使主機板品牌商調整售價以反應成本，進而拉低臺灣主機板產值比重。

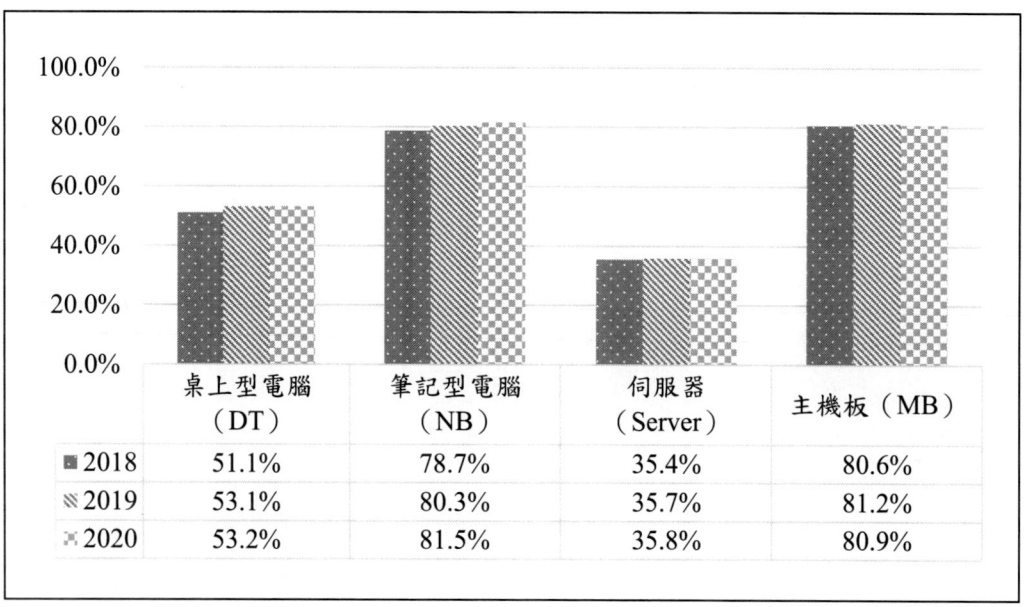

註1：筆記型電腦產銷數據包含主流筆記型電腦與迷你筆記型電腦等產品型態
註2：主機板產銷數據包含純主機板、準系統及全系統等出貨型態
註3：伺服器產銷數據包含準系統及全系統等出貨型態，未包含純主機板出貨型態
資料來源：資策會MIC 經濟部ITIS 研究團隊整理，2021年7月

圖2-3　臺灣主要資訊硬體產品全球市場占有率

第二章　資訊硬體產業總覽

　　從出貨地區觀察，北美出貨區域產值仍居首位，從2019年的36.4%下滑至2020年的34.6%。位居次位為西歐，從2019年的23.7%下滑至21.9%。兩者位居全球比重從2019年的60.1%調降至56.5%，主因為歐美的COVID-19疫情影響嚴重所致。亞太地區從2019年的12.7%上調至14.2%，除了疫情刺激宅經濟效益外，受惠當地消費者對電競娛樂的需求旺盛，帶動市場需求成長。另外，中國大陸從2019年與2020年保持為15.2%。

　　從生產製造據點觀察，位居首位的為中國大陸，比重微上升了0.5%至89.6%，而臺灣比重則從0.7%提升至1.9%，主因為筆電變化較大所致。由於中美貿易摩擦與COVID-19疫情的因素致使風險不斷提高，筆電因為部分具資安疑慮的產品，或是客戶特殊需求之訂單，故改選在臺灣本地進行生產製造，加上我國政府回流優惠政策奏效，產業供應鏈之生產據點正逐步進行從中國大陸移出的規劃。

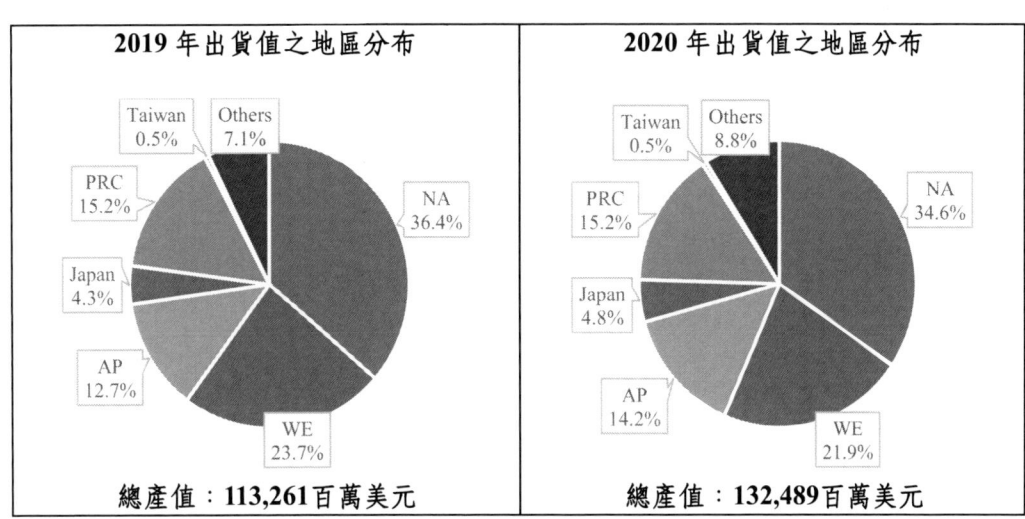

資料來源：資策會MIC經濟部ITIS研究團隊整理，2021年7月

圖2-4　臺灣資訊硬體產業出貨區域產值分析

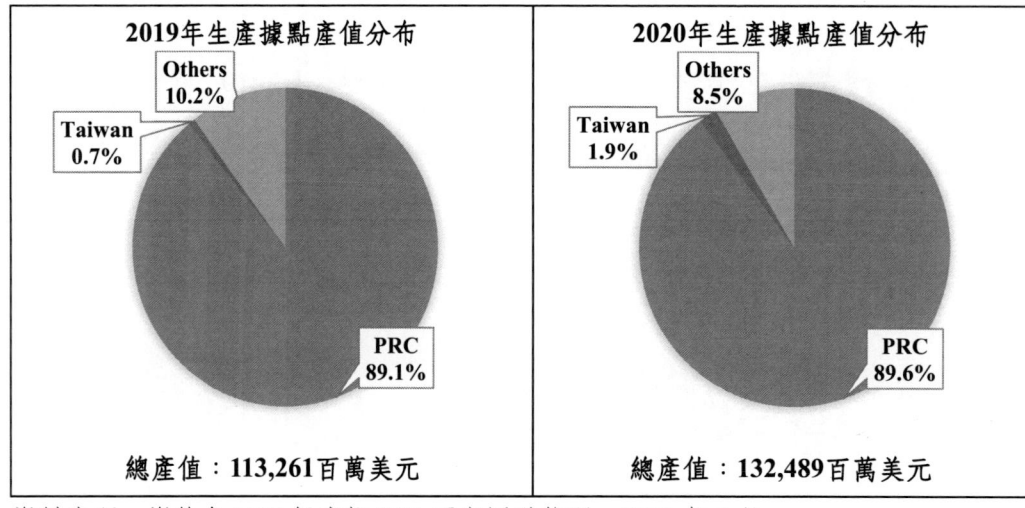

資料來源：資策會 MIC 經濟部 ITIS 研究團隊整理，2021 年 7 月

圖 2-5　臺灣資訊硬體產業生產地產值分析

　　預估 2021 年臺灣資訊硬體產業產值將達 152,879 百萬美元，成長率 15.4%。隨著各國疫苗的陸續施打，全球開始逐步解封，民眾回到正常生活與經濟活動指日可待，宅經濟需求雖依舊保持樂觀，但因為自 2020 年下半的大量市場需求也造成產品所需之各式 IC 晶片、關鍵零組件等嚴重供應不足，導致成本不斷上漲，恐將間接影響消費者購買意願，而讓整體產值產生變數。

第二章　資訊硬體產業總覽

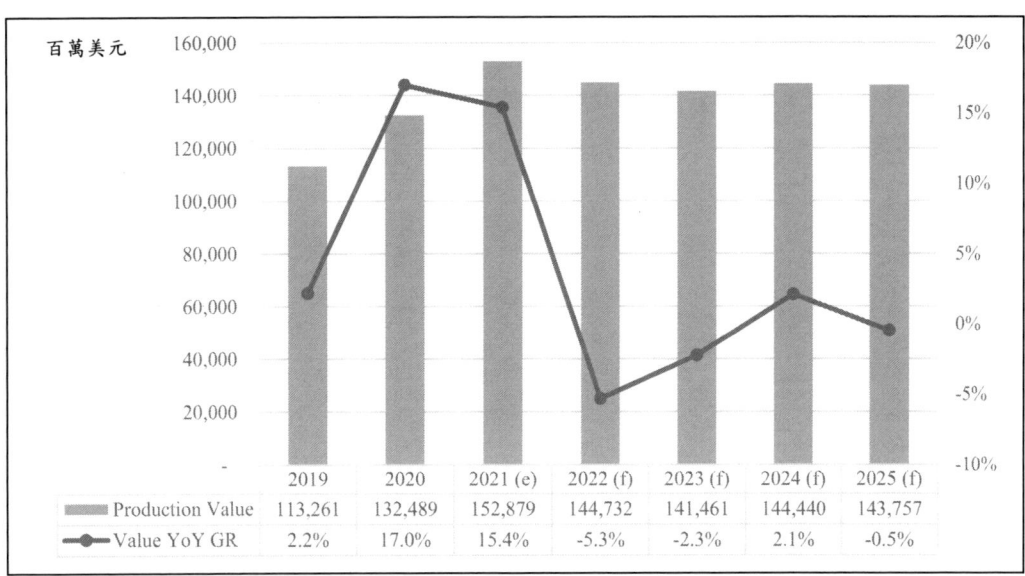

資料來源：資策會 MIC 經濟部 ITIS 研究團隊整理，2021 年 7 月

圖 2-6　2019-2025 年臺灣資訊硬體產業總產值之展望

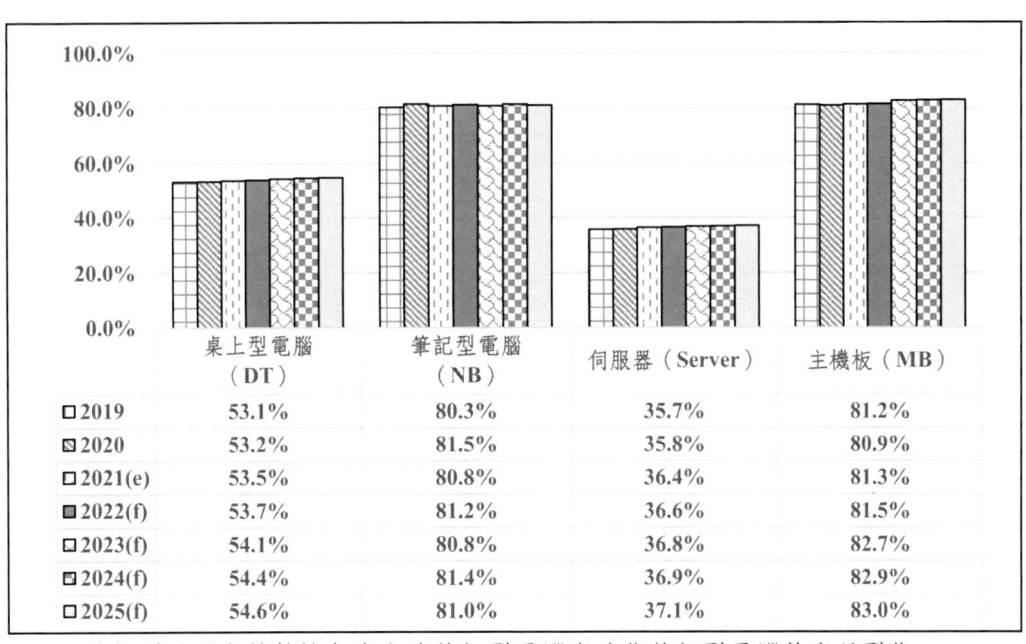

註1：筆記型電腦產銷數據包含主流筆記型電腦與迷你筆記型電腦等產品型態
註2：主機板產銷數據包含純主機板、準系統及全系統等出貨型態
註3：伺服器產銷數據包含準系統及全系統等出貨型態，未包含純主機板出貨型態
資料來源：資策會 MIC 經濟部 ITIS 研究團隊整理，2021 年 7 月

圖 2-7　2019-2025 臺灣主要資訊硬體產品全球占有率長期展望

17

第三章 ｜ 全球資訊硬體市場個論

一、全球桌上型電腦市場分析

　　2020 年全球桌上型電腦出貨量約 80,359 千台，年成長率-14.3%，受 COVID-19 疫情衝擊導致市場下滑的狀況明顯。2020 年自農曆春節期間 COVID-19 疫情開始逐漸擴大，中國大陸各省份宣布封城禁令，各國也陸續祭出限制人員流動、關閉商店、禁止集會等手段。從供給面來看，因零組件廠房多設於中國大陸進行生產製造，疫情衝擊之下影響製造排程與缺料問題。需求方面，由於各國紛紛採取遠距在家工作、線上學習、在家娛樂等對策，帶動消費用市場需求表現。然而桌機以商用市場為主要客群，疫情期間企業辦公室大多呈現關閉狀態，2020 年商用市場出貨比重下滑至 66.8%，相較 2019 年衰退 18.8%，加上消費者大多選擇購買攜帶性較高的筆記型電腦產品，導致整體桌機市場出貨表現衰退嚴重。

　　AIO PC 與電競桌機為 2020 年在疫情期間逆勢成長的利基型產品，2020 年 AIO PC 在整體桌機市場出貨占比首次站上 13.8%，由於消費者在家時間拉長，對於想要擁有電腦使用上的便利性，同時保有具彈性的桌上空間者，AIO 桌機即提供了外型設計優勢。電競桌機部分，2020 年出貨比重占整體桌機市場來到 9.4%，相較 2019 年成長 1.5%，各大品牌廠持續推出新品，受惠於宅經濟需求發威，人們的社交活動型態改變，電競遊戲被當作是休閒娛樂、社交互動，帶動電競桌機市場需求表現。

　　2020 下半年代表性 3A 遊戲大作《電馭叛客 2077》，12 月 10 日上市當天於全球最大遊戲數位平台 Steam 上吸引超過 100 萬遊戲玩家同時遊玩，人數更打破了該平台在單機遊戲項目上的歷史紀錄，主打極度擬真且內建光線追蹤的場景畫面，在電競玩家中引起高度話題。可惜的是，原定 2020 年下半推出的多款遊戲大作受到疫情影響，

部分新品被迫延後上市時程，連帶讓部分等著升級設備的玩家暫緩升級需求，遞延效應有望在 2021 上半年重新獲得玩家選購。

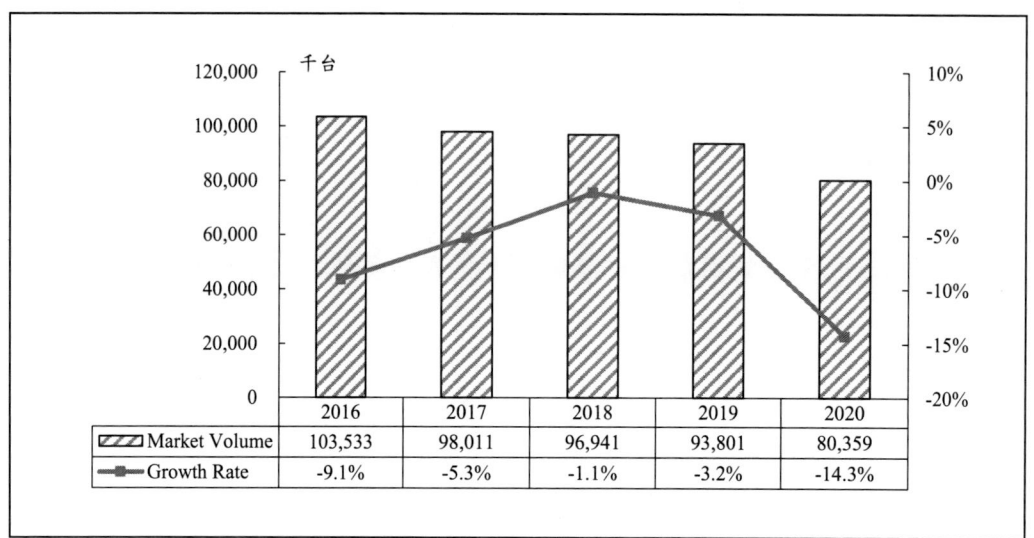

資料來源：資策會 MIC 經濟部 ITIS 研究團隊，2021 年 7 月

圖 3-1　2016-2020 年全球桌上型電腦市場規模

觀察北美區域主要國家－美國的市場表現，2020 年經濟表現低於 2019 年，造成經濟不安定的主因與 COVID-19 疫情重創、失業問題嚴峻等負面因素有關。至 2020 年底為止，美國累計約 2,000 萬人確診，造成約 35 萬人死亡，是全世界疫情最嚴重的國家。疫情期間企業辦公室關閉，改採遠距辦公的模式運行，導致以商用市場為重的桌機產品需求萎縮，出貨表現更是雪上加霜。此外，因應疫情，對於電腦的採購轉向移動便利性較高的筆記型電腦，致使對桌機的需求下滑，間接影響美系品牌 HP 與 Dell 的出貨表現，因此 2020 年北美桌上型電腦市場規模約 15,212 千台，較 2019 年衰退 12.4%。

除了疫情衝擊之外，美中貿易戰於 2020 年 1 月 16 日簽署第一階段貿易協議，美中分別減免在貿易戰期間新增的關稅，不過對於價值 2,500 億美元的商品，如桌上型電腦徵收的 25%關稅則維持不變。美中兩國關係因為陸續發生的疫情大流行、貿易戰和對南海軍事的爭奪等國際事件而趨向破裂。美中貿易戰開打至今，PC 業者面臨不

得不重新檢視生產基地過於集中中國大陸的問題，加上疫情持續延燒，多家業者的中國大陸廠房在疫情期間面臨延後復工、缺工缺料和物流不順等生產問題，凸顯業者對於突發事件應變能力的重要性，建立中國大陸以外的生產據點以分散風險已成趨勢所向。

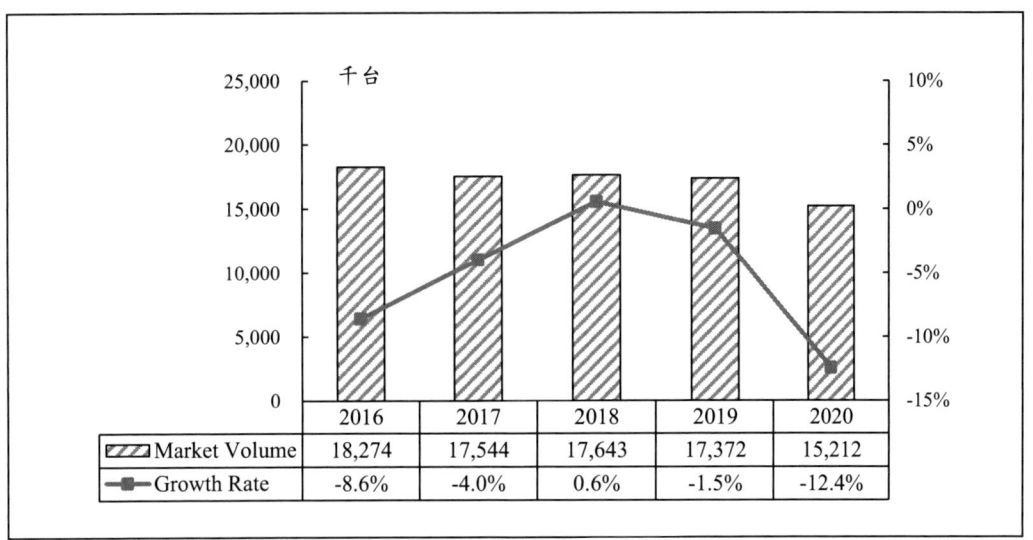

	2016	2017	2018	2019	2020
Market Volume	18,274	17,544	17,643	17,372	15,212
Growth Rate	-8.6%	-4.0%	0.6%	-1.5%	-12.4%

資料來源：資策會 MIC 經濟部 ITIS 研究團隊，2021 年 7 月

圖 3-2　2016-2020 年北美桌上型電腦市場規模

　　西歐國家 2020 年經濟成長率低於 2019 年，主要原因亦與 COVID-19 疫情衝擊所致，突然爆發的疫情不僅重創許多商業活動，攪亂旅遊與供應鏈，也打擊消費者與企業信心。疫情期間各國相繼推出限制民眾行動的措施下，部分企業以遠距上班型式維持運作，許多學校也採用遠距教學避免學習停擺，由於疫情下更注重攜帶方便性，取代桌機的效應發酵致使銷售表現下滑。西歐 2020 年桌上型電腦市場規模約 7,168 千台，較 2019 年衰退 11.1%。

　　觀察西歐國家 2020 年重大事件，英國於 2020 年 1 月正式脫歐，面對貿易壁壘升高，導致企業信心程度下滑，短期的不確定性因而升溫，致使 2020 年投資與消費力道偏向保守。

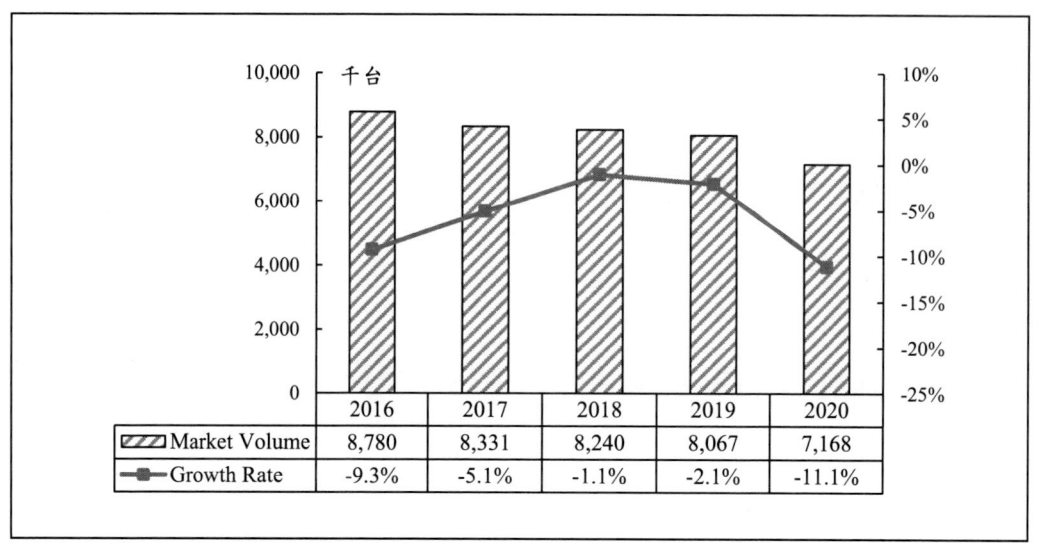

	2016	2017	2018	2019	2020
Market Volume	8,780	8,331	8,240	8,067	7,168
Growth Rate	-9.3%	-5.1%	-1.1%	-2.1%	-11.1%

資料來源：資策會 MIC 經濟部 ITIS 研究團隊，2021 年 7 月

圖 3-3　2016-2020 年西歐桌上型電腦市場規模

　　日本地區 2020 年經濟表現衰退明顯，桌上型電腦整體出貨規模約 2,025 千台，相較於 2019 年衰退 23.4%。疫情期間日本政府為快速解決遠距教學建設不足的問題，因此加速原先預期於 2023 年度前要完成的「GIGA School」構想，在緊急經濟對策案中編列近 2,300 億日圓的預算購買電子產品，因而帶動教育筆電需求大幅成長，反觀消費者對桌機的需求因而消退。

　　值得慶幸的是，由於日本地狹人稠，居家辦公空間較小，不占空間且可同時做為電視使用的 AIO PC，以及小升數的 Mini PC 受到日本消費者青睞，大升數 PC 在日本市場需求呈現逐年衰退中。

第三章 全球資訊硬體市場個論

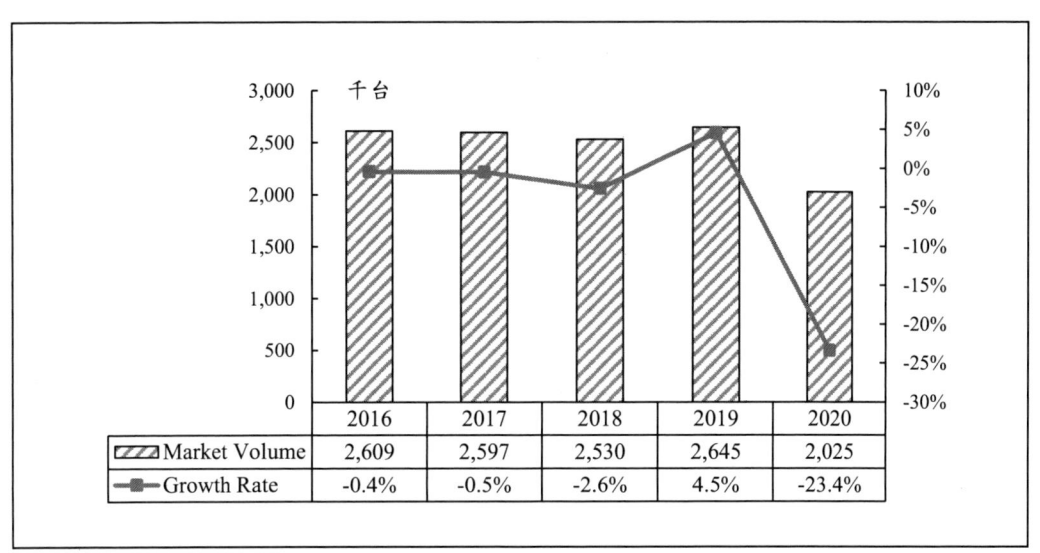

	2016	2017	2018	2019	2020
Market Volume	2,609	2,597	2,530	2,645	2,025
Growth Rate	-0.4%	-0.5%	-2.6%	4.5%	-23.4%

資料來源：資策會 MIC 經濟部 ITIS 研究團隊，2021 年 7 月

圖 3-4　2016-2020 年日本桌上型電腦市場規模

　　除了日本之外，亞洲之新興市場包含中國大陸、東南亞與南亞等，是桌機最大宗出貨地，整體出貨規模 37,367 千台，占比約達 46.5%，不過因經濟成長趨緩、市場換機需求拉長，造成 2019 年需求減弱，整體占比從 46.9%下滑 0.4%。歸納因素為中國大陸政府早在 2019 年底，宣布公家機關必須在 3 年內淘汰外國電腦設備改採 In-House 模式，因此公家機關已陸續在擴大採購聯想（Lenovo）之桌上型電腦。

　　其次，仍舊受美中貿易戰的影響，因美方對中國大陸的桌機商品輸美關稅 25%，促使 PC 供應鏈業者紛紛將組裝工廠移往非中國大陸地區生產，產線轉移的過程，勢必拉升生產成本而間接影響產品銷售價格，連帶讓亞洲之新興市場桌機需求表現下滑。

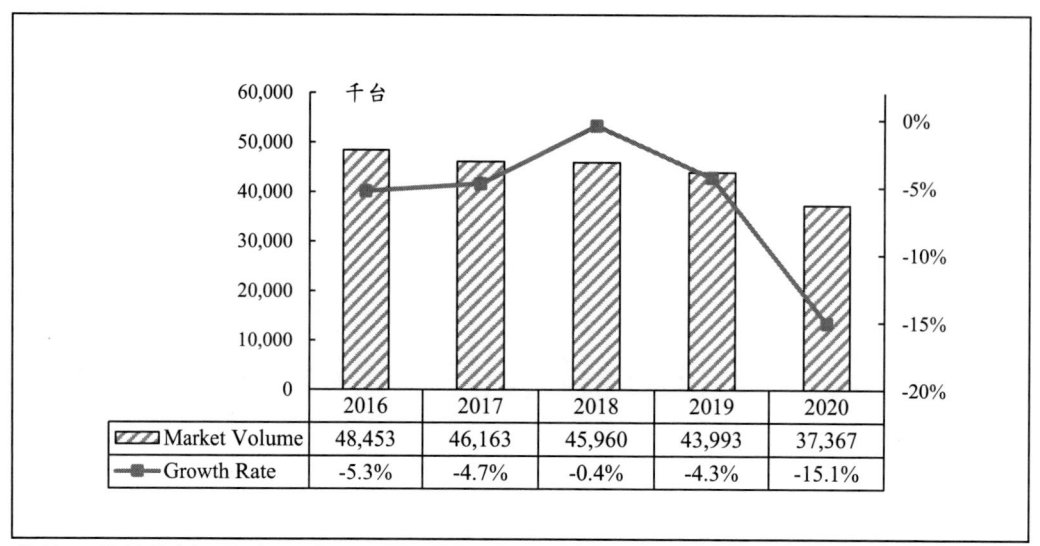

年份	2016	2017	2018	2019	2020
Market Volume	48,453	46,163	45,960	43,993	37,367
Growth Rate	-5.3%	-4.7%	-0.4%	-4.3%	-15.1%

備註：統計範圍不包括日本
資料來源：資策會 MIC 經濟部 ITIS 研究團隊，2021 年 7 月

圖 3-5　2016-2020 年亞洲桌上型電腦市場規模

　　其他區域市場包含中南美洲、中東等地區，多為發展中新興市場，桌上型電腦雖相對受到消費者青睞，亦面臨筆記型電腦及其他行動裝置的競爭。2020 年疫情在全球擴散，市場動盪不安讓消費力道減少，工廠開工率相應降低，間接讓當地工人被減薪甚至辭退等不利因素，影響整體經濟表現。

　　其次，2020 年下半因宅經濟需求高漲，使得零組件供不應求，進而產生缺料危機，其中又以中低階、毛利相對較低的機種供貨缺口最為明顯，而此地區又以中低階產品為主要需求，進而衝擊 2020 年出貨表現。整體而言，2020 年其他地區桌上型電腦市場規模約 18,587 千台，年成長率約-14.4%。

第三章 全球資訊硬體市場個論

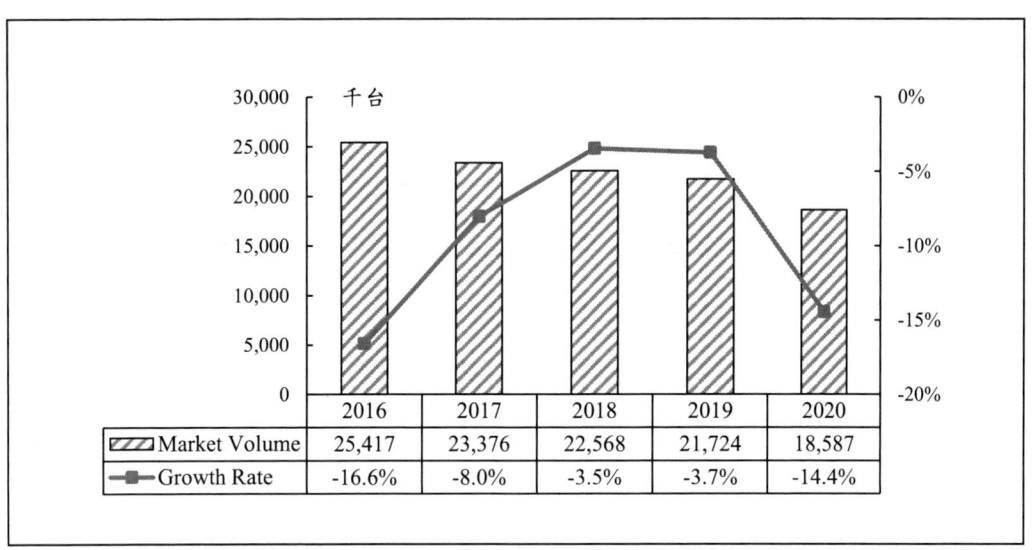

	2016	2017	2018	2019	2020
Market Volume	25,417	23,376	22,568	21,724	18,587
Growth Rate	-16.6%	-8.0%	-3.5%	-3.7%	-14.4%

資料來源：資策會 MIC 經濟部 ITIS 研究團隊，2021 年 7 月

圖 3-6　2016-2020 年其他地區桌上型電腦市場規模

二、全球筆記型電腦市場分析

2020 年全球筆記型電腦市場規模達 200,354 千台，相較 2019 年成長 24.5%，占全球傳統個人電腦市場（不含平板電腦）比重約 71.4%。2020 年全球筆電市場受到 COVID-19 所衍伸的遠距辦公、遠距教學、宅經濟等新生活型態影響，致使需求大幅成長。

COVID-19 疫情自 2020 年初爆發，初期多數國家採取停止上班、上課措施來防疫，因而使得 2020 年第一季全球筆電出貨量大幅衰退。然而面對疫情的嚴峻考驗，全球掀起居家辦公、遠距教學的風潮，人們被迫待在家中上班、上課的狀況，促使攜帶性佳的筆電成為重要的協作工具，拉抬筆電需求成長，也因而使得全球筆電出貨量自 2020 年第二季起快速成長。

不僅企業端為因應企業遠距上班，開始大量添購筆電，遠距教學也促使消費者為家中購置筆電作為家中學童學習所需，另外，歐美各國、日本，甚至是東南亞地區陸續出現的教育筆電政府標案更使需求明顯增強，帶動主攻教育市場且具備性價比優勢的 Chromebook 出貨

量大增。消費端因疫情誘發的宅經濟需求，更推動電競筆電銷售。因疫情所產生的零距離接觸商機效益大幅推動筆電需求成長，致使2020年全球筆電出貨快速成長。

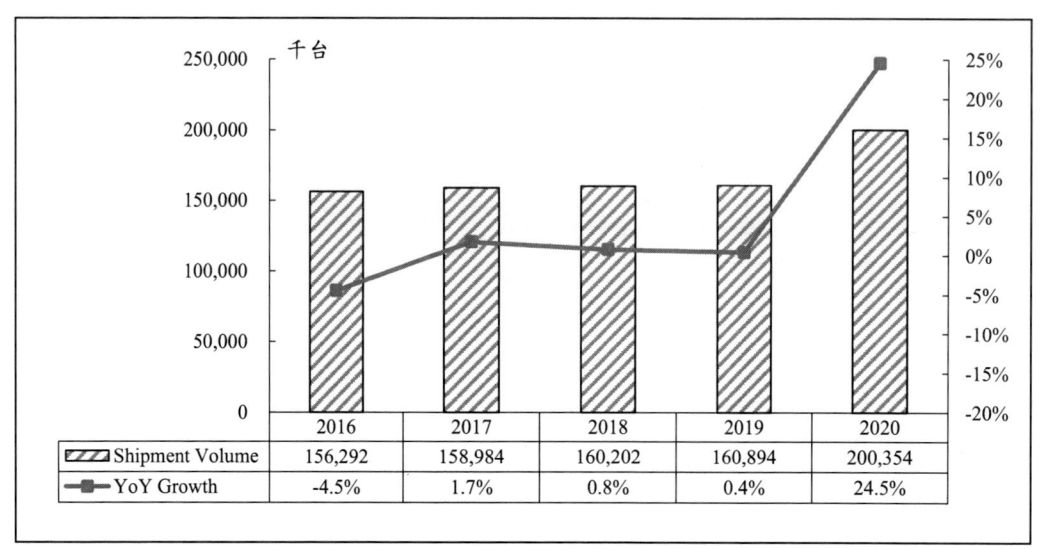

	2016	2017	2018	2019	2020
Shipment Volume	156,292	158,984	160,202	160,894	200,354
YoY Growth	-4.5%	1.7%	0.8%	0.4%	24.5%

資料來源：資策會MIC 經濟部ITIS 研究團隊整理，2021 年7 月

圖 3-7　2016-2020 年全球筆記型電腦市場規模

2020 年在COVID-19 疫情帶動下，北美筆電市場規模年成長率為27.0%，達約67,519 千台。北美市場因封城需求強勁，成為筆電品牌廠積極搶攻的市場之一，過去北美市場以HP 及Dell 為市占率最大的主要品牌廠，2020 年此兩大美國本土品牌廠同樣受惠當地市場需求而使出貨成長迅速，Dell 受惠北美Chromebook 市場使得出貨大增，HP 同樣在美國教育標案的出貨帶動下，使2020 年出貨維持強勁。

另一個積極快攻北美市場的便是Acer，除了持續以電競筆電占穩北美市場外，Acer 在Chromebook 甫推出且各品牌皆尚未重視時，便積極協助推廣，並以此作為打入北美市場的新途徑，也因而使得在COVID-19 疫情趨使Chromebook 成長迅速之際，Acer 能搶占北美教育市場的一杯羹。而三大品牌廠中唯一的中國大陸業者Lenovo 近年則積極憑藉低價策略搶占北美及歐洲市場。

第三章　全球資訊硬體市場個論

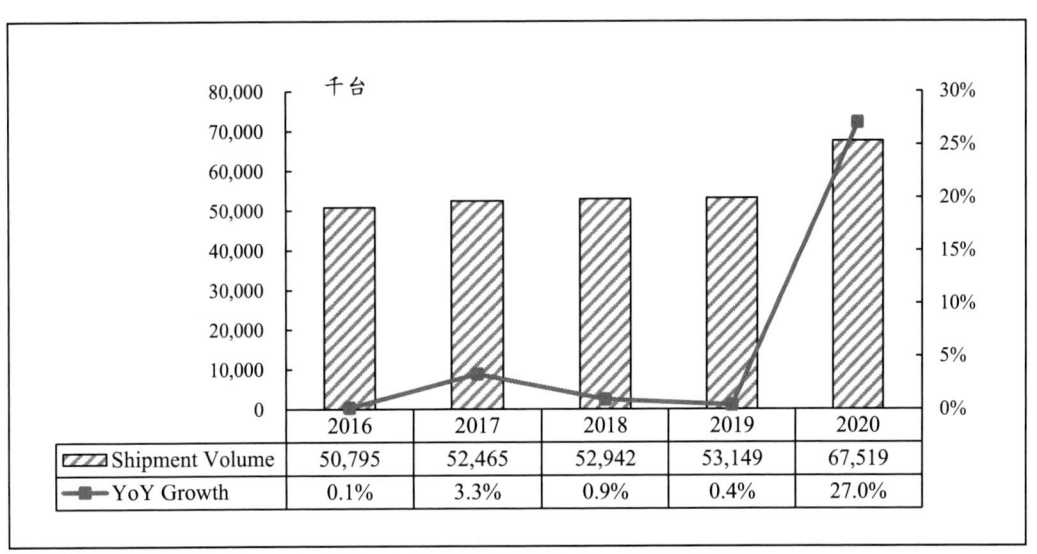

年度	2016	2017	2018	2019	2020
Shipment Volume	50,795	52,465	52,942	53,149	67,519
YoY Growth	0.1%	3.3%	0.9%	0.4%	27.0%

資料來源：資策會 MIC 經濟部 ITIS 研究團隊整理，2021 年 7 月

圖 3-8　2016-2020 年北美筆記型電腦市場規模

　　面對 COVID-19 疫情肆虐，歐盟國家雖採取全面的政策應對措施，然而整體 GDP 仍出現下滑情形。不過經濟的疲弱表現並無損西歐筆電市場的成長，2020 年西歐筆電市場規模年成長率為 23.4%，達約 44,679 千台，主要成長的應用市場包含 Chromebook 的教育筆電，以及近年持續表現優異的電競筆電市場。

　　COVID-19 疫情促使消費者留在家中的時間更多，也因而使得居家娛樂需求提升，兼具工作及娛樂效能的電競筆電躍升成為消費新寵，臺灣品牌廠 Acer、ASUS 等近年積極耕耘西歐電競市場，除了持續支持當地電競賽事、強化線上販售通路等，也與當地媒體進行跨界行銷合作，持續強化品牌能見度，拓展電競筆電市占率。

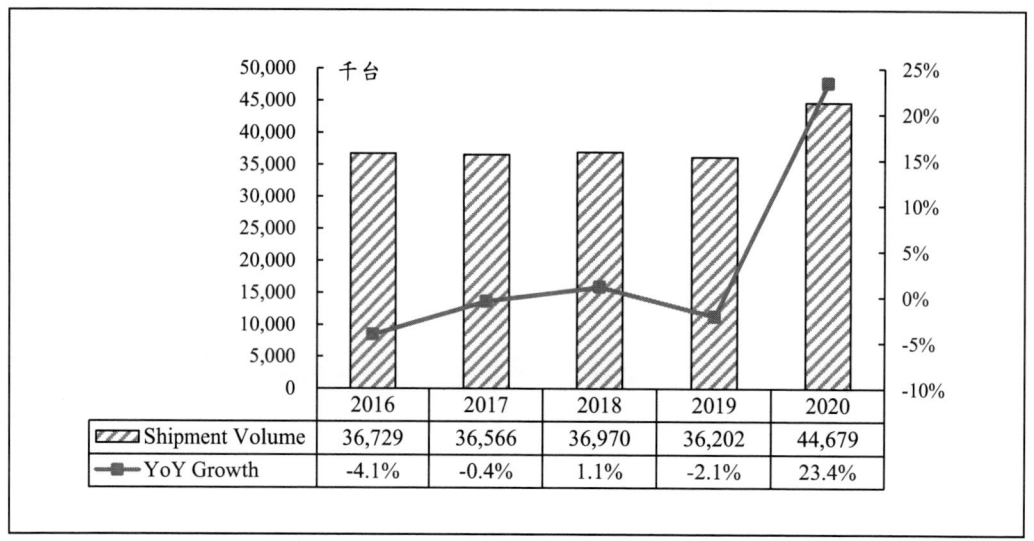

	2016	2017	2018	2019	2020
Shipment Volume	36,729	36,566	36,970	36,202	44,679
YoY Growth	-4.1%	-0.4%	1.1%	-2.1%	23.4%

資料來源：資策會 MIC 經濟部 ITIS 研究團隊整理，2021 年 7 月

圖 3-9　2016-2020 年西歐筆記型電腦市場規模

　　2020 年日本市場大幅成長，筆電市場規模為 9,617 千台，年成長率達 34.6%，最主要的原因便是日本政府教育標案的推動。在 COVID-19 疫情下，日本政府為快速解決遠距教學建設不足的問題，因此加速原先預期於 2023 年度前要完成的「GIGA School」構想，在緊急經濟對策案中編列近 2,300 億日圓的預算購買電子產品。

　　該項政策目的是讓日本全國約 950 萬名的中小學生，每個人都能有一台專屬的電子學習裝置，但每台電腦的補助金額約為 4.5 萬日幣，也因此促使單價較低且具日本品牌 NEC 及 Fujitsu 支持的 Chromebook 成為主要的採購產品。

第三章 全球資訊硬體市場個論

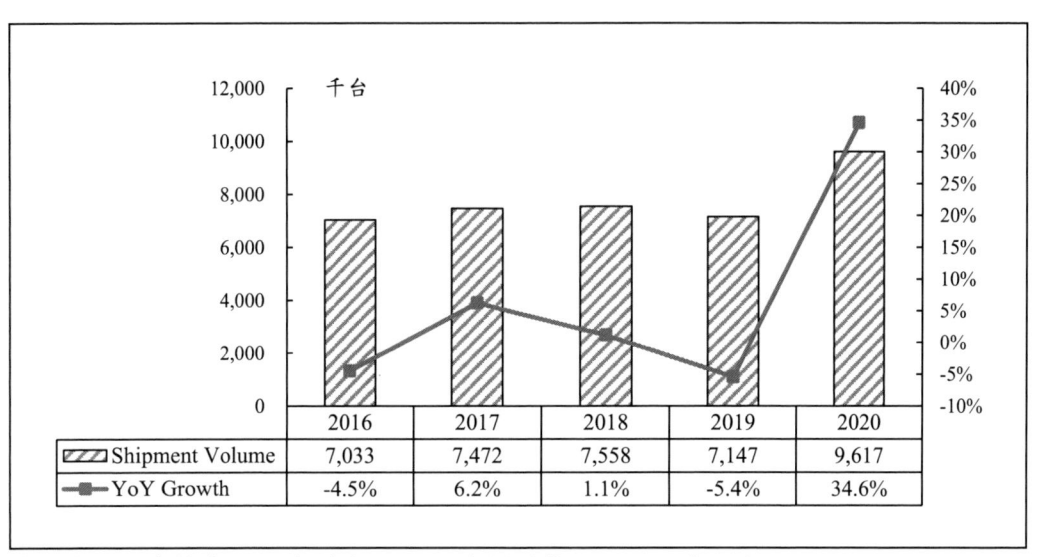

年度	2016	2017	2018	2019	2020
Shipment Volume	7,033	7,472	7,558	7,147	9,617
YoY Growth	-4.5%	6.2%	1.1%	-5.4%	34.6%

資料來源：資策會MIC經濟部ITIS研究團隊整理，2021年7月

圖3-10　2016-2020年日本筆記型電腦市場規模

　　除了日本之外，亞洲市場包含中國大陸、東南亞與南亞等，筆電市場規模年成長率23.8%，達約56,700千台，其中的中國大陸市場主要以當地品牌為主，包含Lenovo、華為、小米等，2020年上半年雖然受到COVID-19疫情影響致使中國大陸筆電市場下滑，然下半年在線上教育及遠距辦公的常態化情況下，中國大陸筆電採購較桌上型電腦來的多，也因而有助筆電出貨恢復成長。

　　東南亞市場方面，品牌廠推出各應用市場的筆電機種，其中又以電競筆電市場最具成長性，如印尼電玩娛樂需求大，當地電競產業繁盛，臺灣筆電品牌廠Acer、ASUS、MSI等在當地均擁有相當不錯的市占率。另外自2020年下半年開始，菲律賓、印尼等東南亞地區教育標案的釋出，以及商用端公司需求的採購，皆使得東南亞地區筆電出貨量快速成長，進一步使亞洲地區筆電市場銷售攀升。

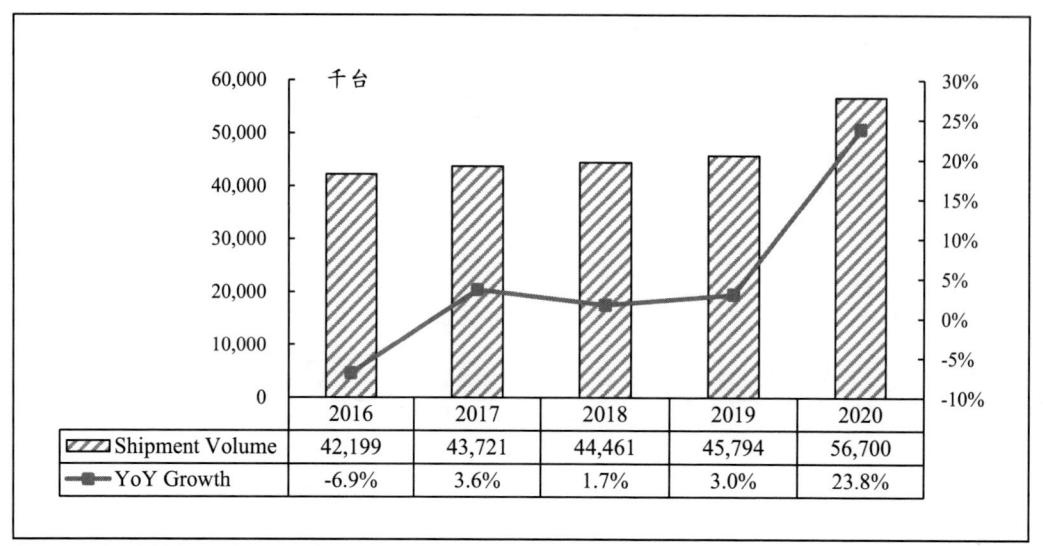

	2016	2017	2018	2019	2020
Shipment Volume	42,199	43,721	44,461	45,794	56,700
YoY Growth	-6.9%	3.6%	1.7%	3.0%	23.8%

備註：統計範圍不包括日本
資料來源：資策會 MIC 經濟部 ITIS 研究團隊整理，2021 年 7 月

圖 3-11　2016-2020 年亞洲筆記型電腦市場規模

　　至於在其他市場方面包含中南美洲、中東等，同樣受惠疫情帶動遠距上班、上課及宅經濟的影響，致使筆電出貨較 2019 年成長，成長幅度雖不若其他區域市場來的高，但筆電市場規模仍來到 21,839 千台，較 2019 年成長 17.4%。

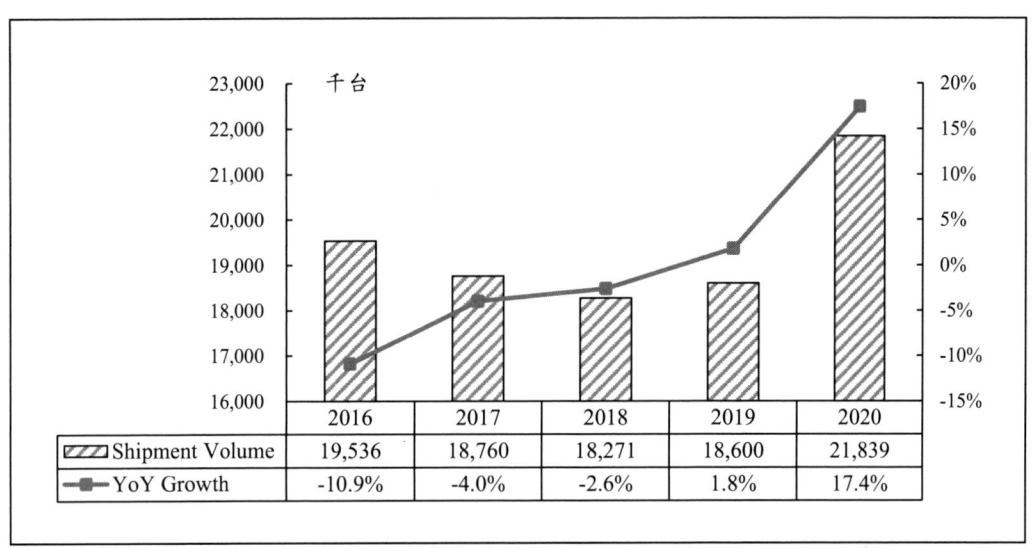

	2016	2017	2018	2019	2020
Shipment Volume	19,536	18,760	18,271	18,600	21,839
YoY Growth	-10.9%	-4.0%	-2.6%	1.8%	17.4%

資料來源：資策會MIC經濟部ITIS研究團隊整理，2021年7月

圖 3-12　2016-2020 年其他地區筆記型電腦市場規模

三、全球伺服器市場分析

　　全球伺服器市場規模在 2020 年達 12,423 千台，相較 2019 年成長 2.7%。2020 年在疫情影響下，遠距上班成為常態，同時雲端運算、影音串流及雲端遊戲等使用量大幅提升，促使資料的傳輸量迅速增長，刺激資料中心布建需求，也同步帶動伺服器需求成長，因此伺服器市場相較 2019 年略為上漲。

　　在伺服器處理器動態方面，2020 年 Intel 10nm Ice Lake 伺服器處理器延遲至 2021 年發表，而 AMD 於 2019 年後半年即推出第二代 EPYC 系列，代號「Rome」的處理器。因此 2020 年伺服器市場上使用 AMD 處理器的伺服器持續升高。在加速運算晶片方面，AMD 以 350 億美元併購 Xilinx，目的是取得 FPGA 資源整併至自家既有的 CPU 與 GPU 解決方案。NVIDIA 以 400 億美元併購 Arm，目的是取得 CPU 資源整併至自家既有的 GPU 解決方案，然是否能成功併購尚待觀察。Intel 並未採取併購手法，但也推出首款 Xe 架構的 GPU，整併至自家既有的 CPU 解決方案。

在國際局勢方面，2020 年中美科技戰持續，美國川普政府推出乾淨網路（Clean Network）計畫，選定 5G 設備供應商，禁止華為、中興等中國大陸業者。而後更擴大為包含電信業者、程式市集、雲端儲存及海底電纜等領域。此項政策將加速美國與中國大陸伺服器與雲端服務廠商的區隔，值得關注。

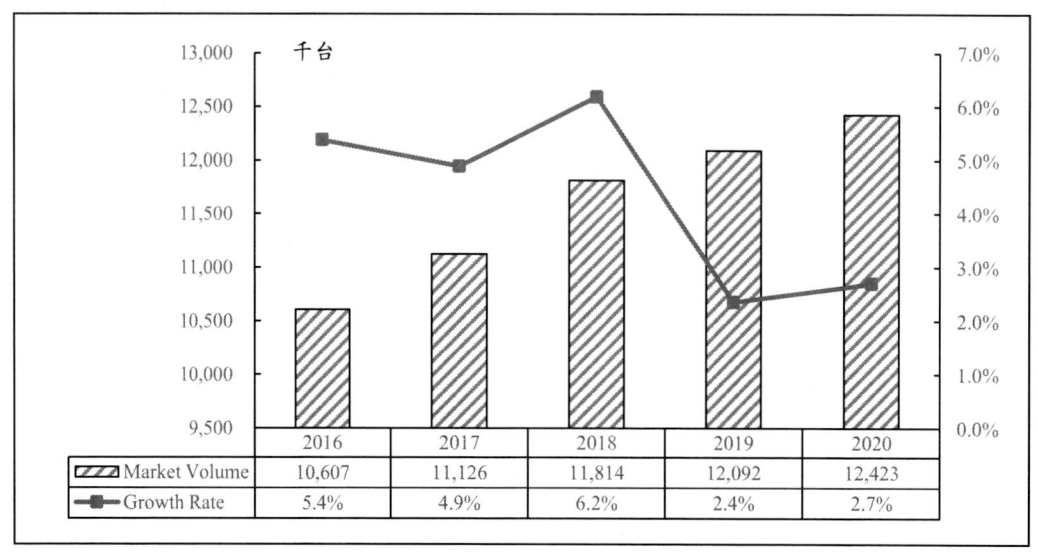

	2016	2017	2018	2019	2020
Market Volume (千台)	10,607	11,126	11,814	12,092	12,423
Growth Rate	5.4%	4.9%	6.2%	2.4%	2.7%

資料來源：資策會 MIC 經濟部 ITIS 研究團隊整理，2021 年 7 月

圖 3-13　2016-2020 年全球伺服器市場規模

從區域市場發展來觀察，2020 年北美的全球占比為 46.8%，市場規模達 5,810 千台，仍為全球最大的市場，市場成長率為 3.2%。在疫情的影響下遠距上班與雲端服務需求上升，而全球的雲端服務巨頭皆位於北美，如 AWS、Azure、Facebook、GCP 等 Tier 1 廠商，以及 Twitter、Netflix、Apple、Uber、Airbnb 及 Spotify 等 Tier 2 廠商。在遠距會議方面如 Zoom、Microsoft Teams、Google Meet、Cisco Webex 等，以及影音串流方面 Netflix、Disney+、HBO Max 的使用量大增，促使北美伺服器市場需求增加。

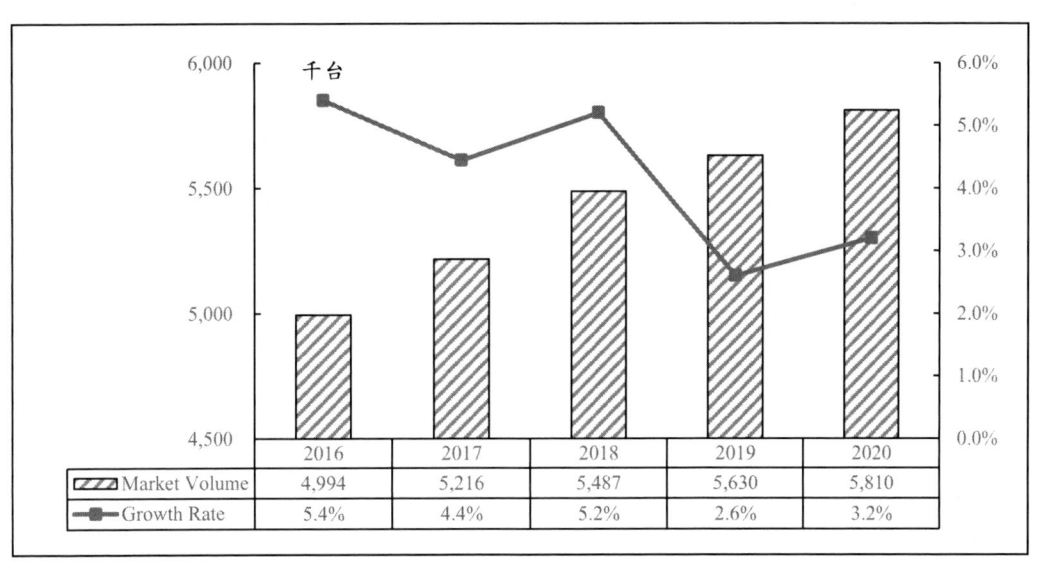

	2016	2017	2018	2019	2020
Market Volume	4,994	5,216	5,487	5,630	5,810
Growth Rate	5.4%	4.4%	5.2%	2.6%	3.2%

資料來源：資策會 MIC 經濟部 ITIS 研究團隊整理，2021 年 7 月

圖 3-14　2016-2020 年北美伺服器市場規模

　　2020 年西歐的市場規模達 1,823 千台，年成長率為 1.9%。歐盟繼《一般資料保護規範》（General Data Protection Regulation, GDPR）後，於 2020 年推出《數位市場法》與《數位服務法》限制雲端服務大廠，藉此保障當地數位市場的競爭，並持續要求將資料在地化。因此各雲端大廠與當地的電信商在西歐興建資料中心，促使伺服器需求維持成長。

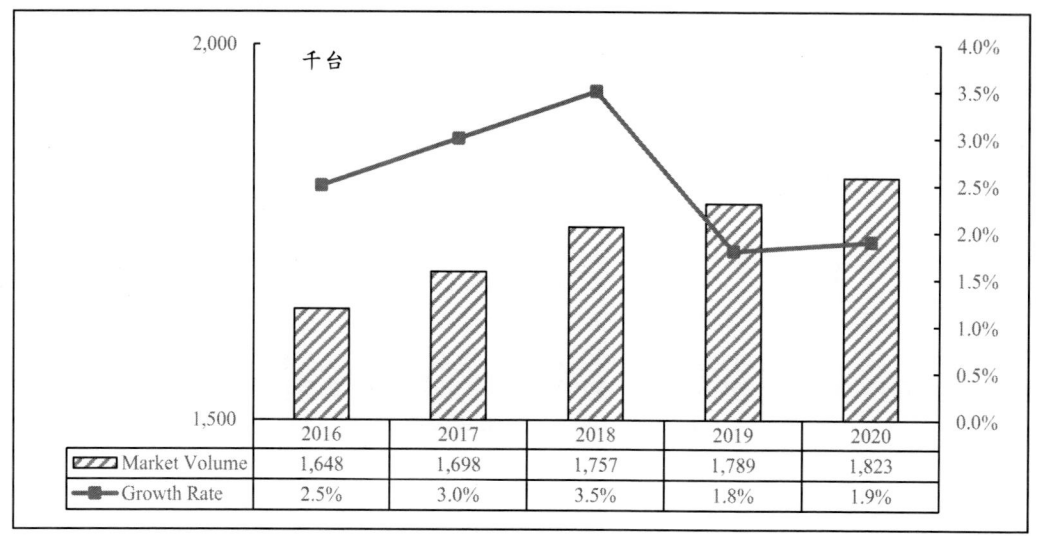

	2016	2017	2018	2019	2020
Market Volume	1,648	1,698	1,757	1,789	1,823
Growth Rate	2.5%	3.0%	3.5%	1.8%	1.9%

資料來源：資策會 MIC 經濟部 ITIS 研究團隊整理，2021 年 7 月

圖 3-15　2016-2020 年西歐伺服器市場規模

2020 年日本伺服器市場規模維持 513 千台，年成長率僅 0.6%。主要在於因疫情影響，2020 年東京奧運延遲舉行，不僅對日本經濟帶來重大的衝擊，在資料中心與 5G 網通設置也趨緩。進而影響伺服器之出貨表現，導致相較於全球伺服器回溫的態勢，年成長率下滑。

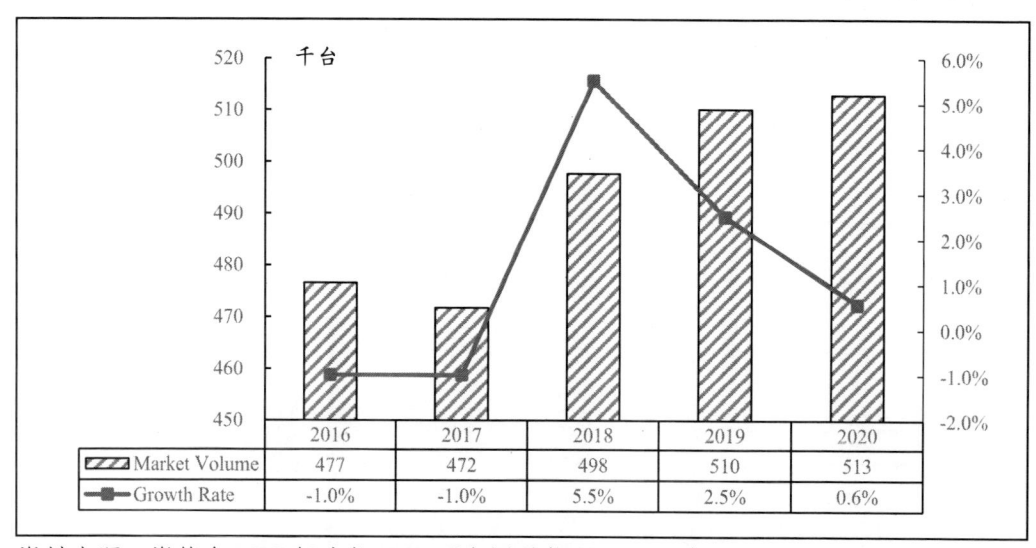

	2016	2017	2018	2019	2020
Market Volume	477	472	498	510	513
Growth Rate	-1.0%	-1.0%	5.5%	2.5%	0.6%

資料來源：資策會 MIC 經濟部 ITIS 研究團隊整理，2021 年 7 月

圖 3-16　2016-2020 年日本伺服器市場規模

除了日本之外，亞洲市場包含中國大陸、東南亞與南亞等，2020年的市場規模達 3,467 千台，年成長率 2.9%，當中仍以中國大陸為最主要的市場。中國大陸政府於 2020 年推出「加強新型基礎設施建設」政策，在 2020 年投注 1.2 兆元人民幣，當中資料中心是發展的重點之一，為當地市場注入動能。此外在雲端大廠阿里巴巴、騰訊、華為雲、字節跳動等，以及新崛起的電商如京東、美團等的帶動下，亦促進伺服器需求，使整體亞洲市場需求增高。

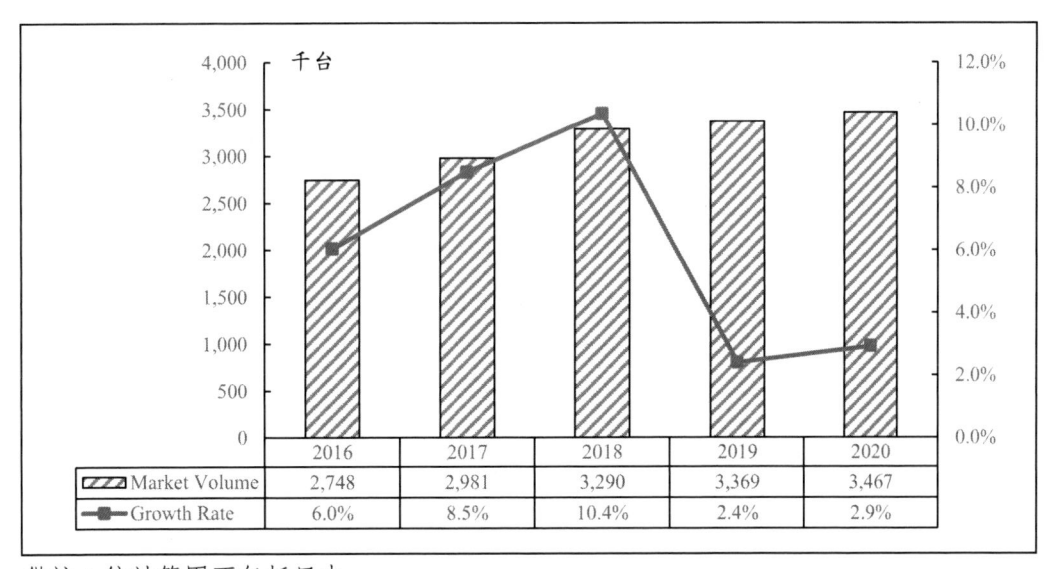

	2016	2017	2018	2019	2020
Market Volume	2,748	2,981	3,290	3,369	3,467
Growth Rate	6.0%	8.5%	10.4%	2.4%	2.9%

備註：統計範圍不包括日本
資料來源：資策會 MIC 經濟部 ITIS 研究團隊整理，2021 年 7 月

圖 3-17　2016-2020 年亞洲伺服器市場規模

2020 年其他地區伺服器出貨量為 810 千台，年成長率 1.9%。諸多國家提出資料在地化政策，促使北美資料中心大廠於全球進行投資。此外在疫情影響下，各國政府也都積極推行數位轉型政策，並建設相關的基礎設施，因此帶動伺服器的成長。

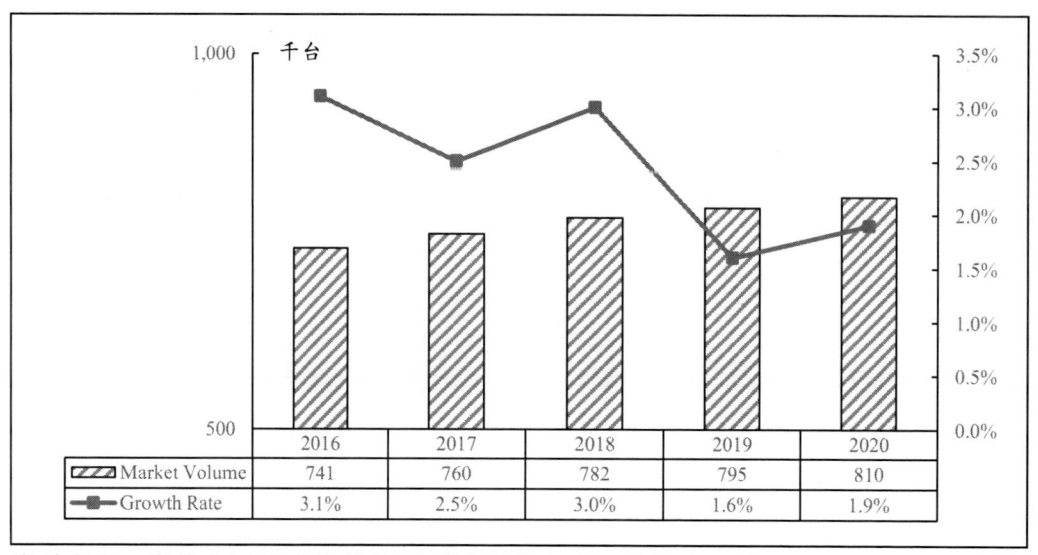

	2016	2017	2018	2019	2020
Market Volume	741	760	782	795	810
Growth Rate	3.1%	2.5%	3.0%	1.6%	1.9%

資料來源：資策會 MIC 經濟部 ITIS 研究團隊整理，2021 年 7 月

圖 3-18　2016-2020 年其他地區伺服器市場規模

四、全球主機板市場分析

　　2020 年全球主機板市場規模約 95,230 千片，年成長率約-5.7%。2020 年初 COVID-19 疫情由中國大陸開始擴散至全世界，各國陸續實施封城、限制民眾外出等，部分企業以遠距上班模式維持運作，許多學校也採用線上教學以避免學習停擺，在家打遊戲的娛樂需求也同步提升，民眾都宅在家的因素反倒助長宅經濟商機發酵，帶動近 10 年來市場規模已進入衰退的主機板產業，其意外成為受惠者之一。

　　除了宅經濟需求暢旺外，關鍵晶片大廠亦紛紛推出新品刺激消費，2020 年上半年 Intel 推出全新第十代 Comet Lake-S 桌上型處理器，AMD 則以入門款 Zen 2 架構桌上型處理器系列新品 3300X/3100 應戰，鎖定商務使用者及遊戲玩家市場。下半年 NVIDIA 則以全新 Ampere 架構 RTX 30 系列顯示卡抓住消費者目光，AMD 則以 Radeon RX 6000 系列顯示卡回擊，近乎同一時間發布的背後原因即是因為 NVIDIA 無法滿足 RTX 30 系列的消費者大量需求，AMD 因而積極想要補上此空缺，藉此提升 AMD 在 GPU 的市場地位。

由於疫情讓消費者長時間待在家的因素反倒助長了電競風潮，觀察全球最大遊戲數位發行平台 Steam 在 2020 年的表現，包含用戶數、新顧客數、遊戲時數、同時在線人數等紀錄都創下新高，2020 年同時上線使用者人數高峰值達 24.8 百萬人，打破過去平台在線人數的最高紀錄。疫情期間不少遊戲開發商讓旗下員工以在家工作模式繼續開發手上遊戲的計畫，因而讓部分對外公布於 2020 下半年欲上市的遊戲作品遞延至 2021 上半年發表，估計電競遊戲市場需求至 2021 年仍有不錯的表現，進而帶動相關業者包含主機板、顯示卡以及電競相關機種的銷售表現。

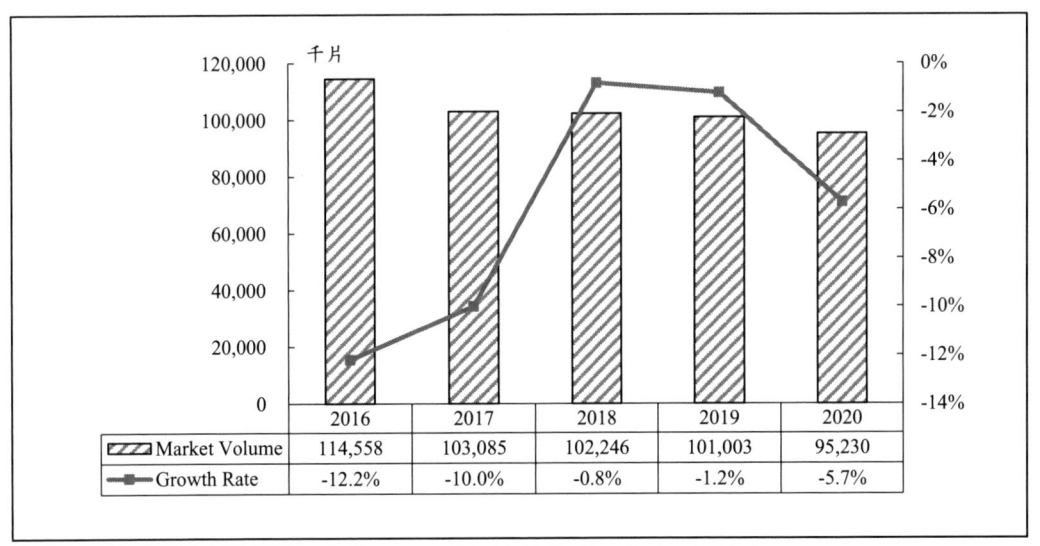

年度	2016	2017	2018	2019	2020
Market Volume	114,558	103,085	102,246	101,003	95,230
Growth Rate	-12.2%	-10.0%	-0.8%	-1.2%	-5.7%

資料來源：資策會 MIC 經濟部 ITIS 研究團隊整理，2021 年 7 月

圖 3-19　2016-2020 年全球主機板市場規模

2020 年北美主機板市場出貨規模約 17,998 千片，年成長率為 -4.4%。2020 年重要事件包含 COVID-19 疫情持續蔓延以及缺料等問題，由於北美地區疫情告急，其中北美市場主要國家—美國的紐約州成為重災區，川普總統於 2020 年 3 月 13 日宣布美國進入國家緊急狀態，紐約州的「紐約暫停」（NYS on PAUSE）行政命令也從 3 月 22 日生效，關閉學校、商店，並且要求民眾盡可能待在家防疫。因

應防疫政策，諸多企業實施遠距辦公，多以選擇攜帶性較高的筆電產品為主，因而讓以商用市場為主的桌機產品出貨表現衰退甚鉅。

零組件缺貨事件自 2020 下半年陸續發生，尤以各類 IC 供貨不足情況最為嚴重，歸納原因與新品輩出以及市場需求高漲有關，突發性的大缺貨問題造成即使品牌廠滿手訂單也無法出貨的窘況。所幸北美市場以美系業者 HP 與 Dell 為大宗，HP 與 Dell 在處理器之取得具有優先順位，因此降低負面衝擊。

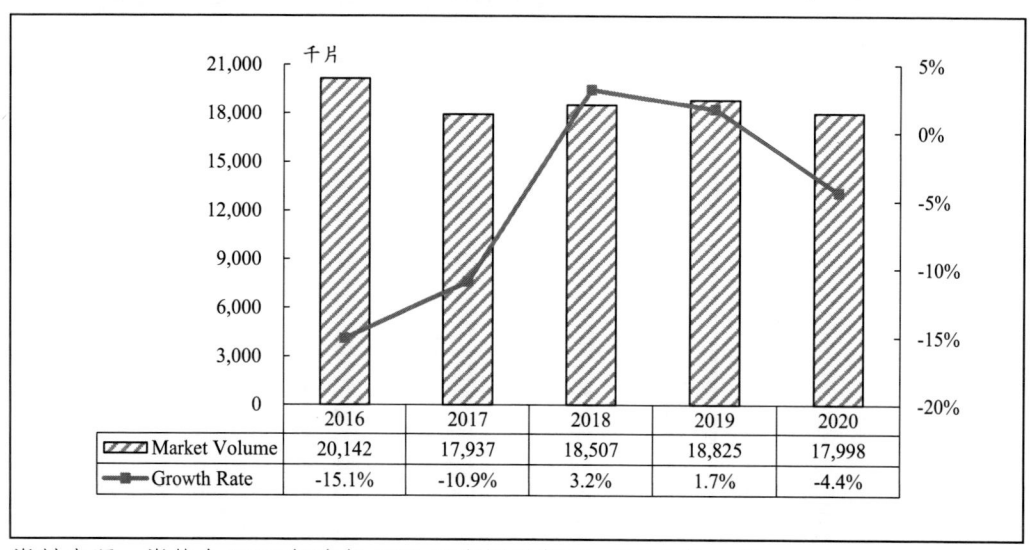

	2016	2017	2018	2019	2020
Market Volume	20,142	17,937	18,507	18,825	17,998
Growth Rate	-15.1%	-10.9%	3.2%	1.7%	-4.4%

資料來源：資策會 MIC 經濟部 ITIS 研究團隊整理，2021 年 7 月

圖 3-20　2016-2020 年北美主機板市場規模

2020 年西歐主機板市場出貨規模約 11,523 千片，年成長率為 -3.3%。西歐同樣受到疫情的衝擊，最先爆發大規模感染的義大利於 3 月 10 日封城，隨後歐洲各國如德國、法國、西班牙也陸續在 3 月中旬祭出限制措施，對民眾的外出、商店營業、學生就學、公眾集會等行為做出限制。不安定的狀態影響西歐整體經濟，企業及民間消費趨於保守，致使主機板需求量下滑。

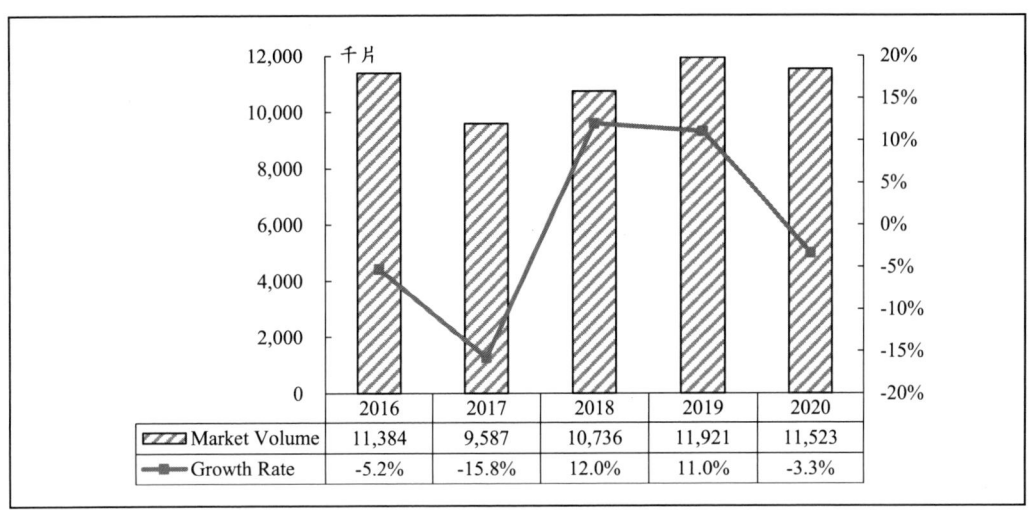

	2016	2017	2018	2019	2020
Market Volume	11,384	9,587	10,736	11,921	11,523
Growth Rate	-5.2%	-15.8%	12.0%	11.0%	-3.3%

資料來源：資策會 MIC 經濟部 ITIS 研究團隊整理，2021 年 7 月

圖 3-21　2016-2020 年西歐主機板市場規模

　　2020 年日本主機板市場出貨規模約 1,809 千片，年衰退率為 17.9%。日本在疫情期間受惠遠距工作帶來的需求，企業為讓員工們有電腦使用而採購攜帶性較高的筆電產品，反觀桌機產品則因為公司行號的需求萎縮，致使桌機出貨呈現下滑。此外，原定東京奧運掀起的購機潮也因延後舉辦而為 2020 年的出貨表現帶來不利因子。

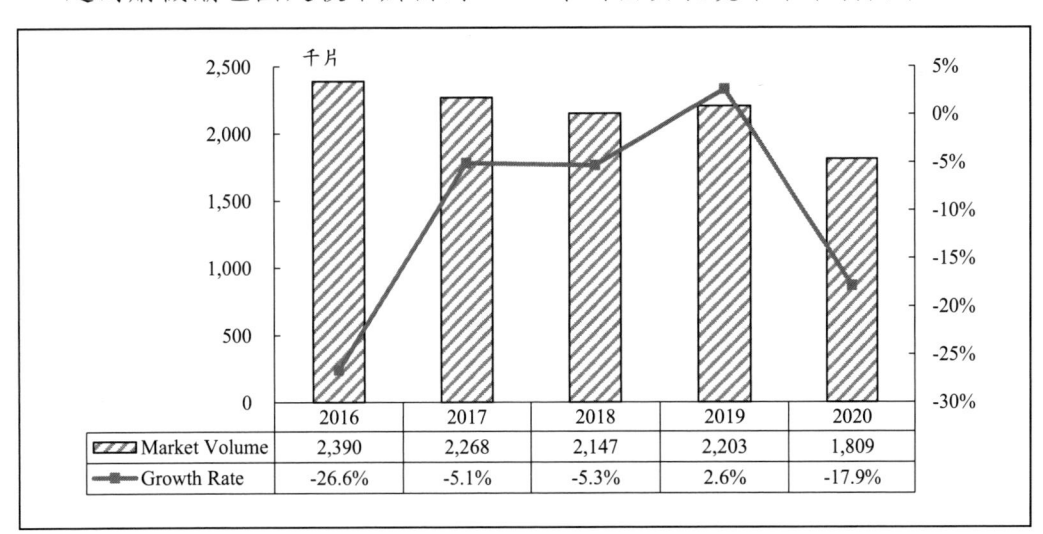

	2016	2017	2018	2019	2020
Market Volume	2,390	2,268	2,147	2,203	1,809
Growth Rate	-26.6%	-5.1%	-5.3%	2.6%	-17.9%

資料來源：資策會 MIC 經濟部 ITIS 研究團隊整理，2021 年 7 月

圖 3-22　2016-2020 年日本主機板市場規模

除了日本之外，亞洲市場包含中國大陸、東南亞與南亞等，2020年主機板市場出貨規模約 50,948 千片，年成長率為-5.7%。中國大陸是亞洲地區最大的市場，美中貿易戰自 2018 年中後正式開打，2019年 5 月由中國大陸商品輸美課徵的關稅從 10%上調至 25%，影響範圍包括桌機、主機板、顯示卡等產品的銷售毛利，所幸美國總統川普任期內將主機板與顯示卡等商品之關稅課徵一延再延至 2020 年 12月 31 日為止，然自 2021 年 1 月 1 日起，主機板與顯示卡關稅豁免正式失效，從 0%調升回 25%，至此桌機、主機板、顯示卡等商品無一倖免，此次關稅提高事件勢必反應到終端零售市場價格，連帶影響消費者購買意願。

東南亞市場經濟發展仍在持續進步中，目前以中低階產品為主流，然而因 2020 年下半宅經濟的需求暢旺，遠距工作、線上學習與電競娛樂等宅在家效應熱度迄今仍未見降溫跡象，加上交通運輸的物流管制、零組件缺貨嚴峻及運費飆漲等種種不利因素下，讓中低階產品的供貨缺口更為明顯，進而影響亞洲地區主機板出貨表現。

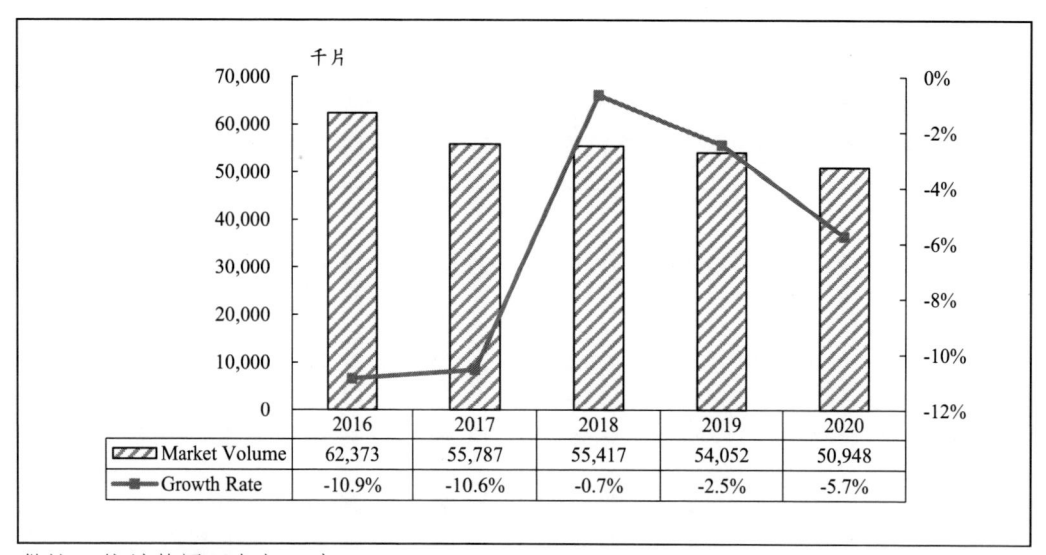

	2016	2017	2018	2019	2020
Market Volume	62,373	55,787	55,417	54,052	50,948
Growth Rate	-10.9%	-10.6%	-0.7%	-2.5%	-5.7%

備註：統計範圍不包括日本
資料來源：資策會 MIC 經濟部 ITIS 研究團隊整理，2021 年 7 月

圖 3-23　2016-2020 年亞洲主機板市場規模

2020 年其他發展中新興市場，包含中南美洲、中東等地區，主機板市場規模約 12,951 千片，年成長率為-7.5%。2020 年疫情衝擊、油價急遽下跌、中東地區內亂等影響經濟表現。加上 2020 年下半發生的缺貨事件，缺貨產品中仍以中低階處理器缺貨最為明顯，由於此區域為中低階處理器的需求主流，因此造成 2020 年主機板出貨呈現衰退。

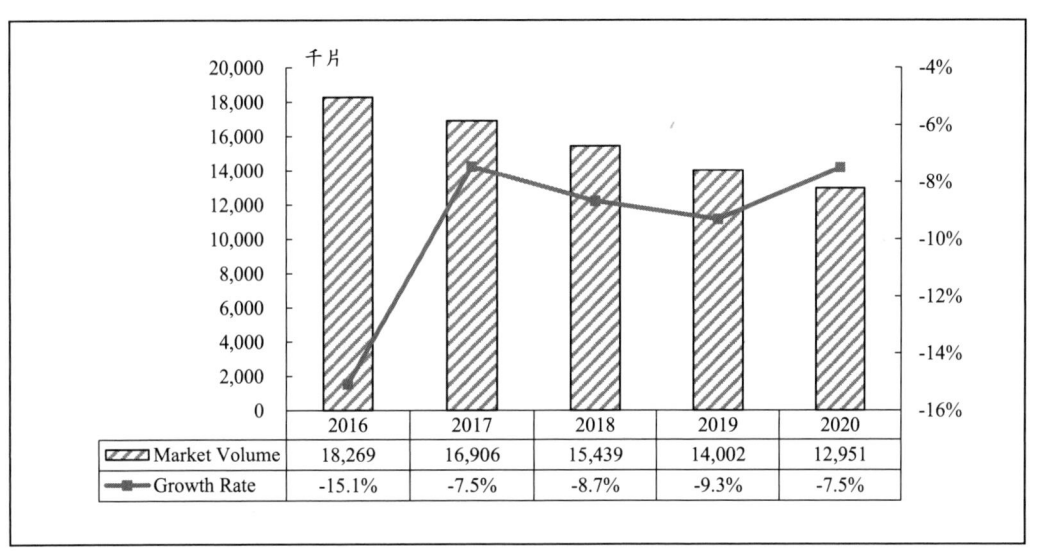

年度	2016	2017	2018	2019	2020
Market Volume	18,269	16,906	15,439	14,002	12,951
Growth Rate	-15.1%	-7.5%	-8.7%	-9.3%	-7.5%

資料來源：資策會 MIC 經濟部 ITIS 研究團隊整理，2021 年 7 月

圖 3-24　2016-2020 年其他地區主機板市場規模

第四章 臺灣資訊硬體產業個論

一、臺灣桌上型電腦產業狀況與發展趨勢分析

（一）產量與產值分析

　　2020年臺灣桌上型電腦產量達42,782千台，年成長率為-14.1%，受COVID-19疫情攪局衝擊整體桌機市場出貨表現。2020年桌上型電腦產業，因疫情期間大多數企業辦公室保持關閉狀態並實施居家辦公措施，導致企業將原本計劃更換桌機的預算改為購買攜帶性較高的筆電產品，對以商用市場為主的桌機影響甚鉅。然值得慶幸的是，由於消費者僅能待在家中之故，反倒微幅提升桌機在消費用市場表現。

　　至於AIO PC產品則因為在機殼設計、組裝流程上難度較高，故臺灣代工業者具有絕對優勢。2020年因為疫情讓多數民眾在家時間拉長，反倒讓AIO PC成為逆勢成長的利基型產品。當民眾想為家中設備升級但仍鎖定桌機產品的用戶，紛紛轉向投資較一般桌機高級的AIO PC，由於AIO PC置於家中可以減少雜亂的線路連接、占用較少空間、美觀等優勢，讓長時間待在家中的使用者對AIO PC需求攀升，臺灣代工業者因而受惠。2020年下半年缺料事件陸續爆發，其中，品牌大廠如HP、Dell等多有優先獲取料件的順位，且由臺灣代工業者如鴻海、緯創、和碩等承接訂單，故臺灣代工業者的供貨缺口週期可能相對較小，受到的影響也因此降低。至於規模較小的臺灣品牌業者如宏碁、華碩等取得順位較後，所受衝擊較為明顯。

　　美中貿易衝突持續進行，25%關稅的影響範圍涵蓋桌機、主機板等產品，2020年又遇上疫情的突發事件，在美中關係變化與COVID-19疫情持續影響的發展態勢下，迫使業者紛紛將供應鏈生產基地移轉以及商品售價調升，進而影響消費端購買力。

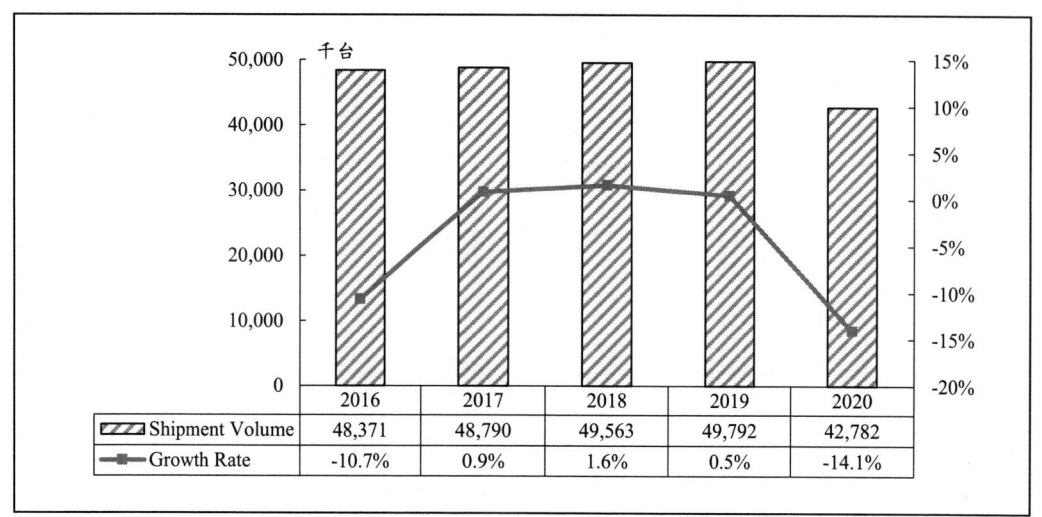

年度	2016	2017	2018	2019	2020
Shipment Volume	48,371	48,790	49,563	49,792	42,782
Growth Rate	-10.7%	0.9%	1.6%	0.5%	-14.1%

資料來源：資策會 MIC 經濟部 ITIS 研究團隊整理，2021 年 7 月

圖 4-1　2016-2020 年臺灣桌上型電腦產業總產量

　　產值方面，2020 年臺灣桌上型電腦產值約 11,556 百萬美元，年衰退率約 12.6%。剖析產值下滑的原因，除了當年度因為 COVID-19 疫情讓產量下滑之外，海運缺船、缺櫃導致產品運送排程受阻、原物料嚴重供應不足等負面因素，雖然有 CPU、GPU 新品的推出，讓 2020 年之臺灣代工廠出貨 ASP 高於 2019 年，然產值仍呈衰退表現。

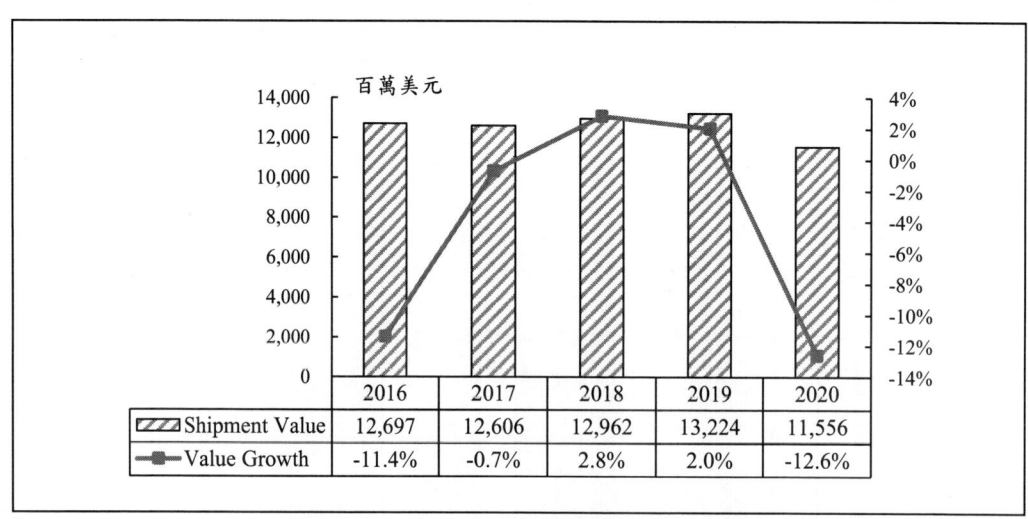

年度	2016	2017	2018	2019	2020
Shipment Value	12,697	12,606	12,962	13,224	11,556
Value Growth	-11.4%	-0.7%	2.8%	2.0%	-12.6%

資料來源：資策會 MIC 經濟部 ITIS 研究團隊整理，2021 年 7 月

圖 4-2　2016-2020 年臺灣桌上型電腦產業總產值

（二）業務型態分析

全球桌機代工業務幾乎由臺廠一手包辦，至今仍是 HP、Dell、Lenovo 等國際品牌商首選的代工夥伴，主要由鴻海的富士康（Foxconn）、緯創（Wistron）、廣達（QCI）等業者進行代工，近年大致無明顯變動。其中 Lenovo 為減少關稅的衝擊，逐步提高產品的自行生產及委託中國大陸當地業者代工的比重，以符合中方政府欲提高自製率以及培養中國大陸代工業者的策略。

臺灣品牌業者除了深耕電競領域多年且頗有斬獲的微星，宏碁、華碩等業者，亦投入 AIO PC、電競、創作者應用等高單價機種研發，加上 2020 年因為疫情推升宅經濟需求發威，刺激電競桌機市場需求，臺廠業者連帶受惠。

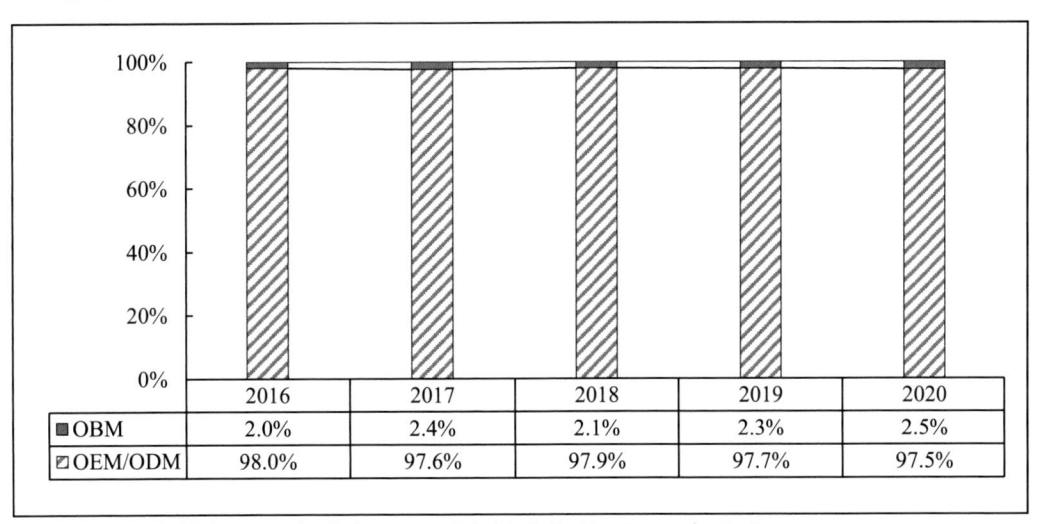

	2016	2017	2018	2019	2020
OBM	2.0%	2.4%	2.1%	2.3%	2.5%
OEM/ODM	98.0%	97.6%	97.9%	97.7%	97.5%

資料來源：資策會 MIC 經濟部 ITIS 研究團隊整理，2021 年 7 月

圖 4-3　2016-2020 年臺灣桌上型電腦產業業務型態別產量比重

（三）出貨地區分析

2020 年臺灣桌上型電腦出貨地區以中國大陸的 27.5%最多，然因受到美中貿易戰的影響，為減少關稅的衝擊，中國大陸政府於 2019 年 12 月下令 3 年內公部門 PC 全部換用國產計畫，預計於 2022 年底

完成，因此中國大陸品牌商轉而朝提高自製率以及委託中國大陸本地業者代工布局，占比較 2019 年下滑。

北美地區是臺灣桌機第二大出貨地區，2020 年疫情期間大多數企業辦公室保持關閉狀態並實施居家辦公措施，導致企業將原本計劃更換桌機的預算改為購買攜帶性較高的筆電產品，尤以疫情嚴重的北美地區更為明顯，致使出貨占比較 2019 年下降。

亞太地區市場則以東南亞的電競風氣最為興盛且具發展潛力，2020 年的疫情讓消費者待在家時間拉長，因而助長了電競風潮，加上 2022 年亞運會預計直接將電競項目納入正式的比賽項目，此舉將更有機會推升電競市場需求表現，2020 年出貨占比來到 23.7%，未來的市場發展性值得期待。

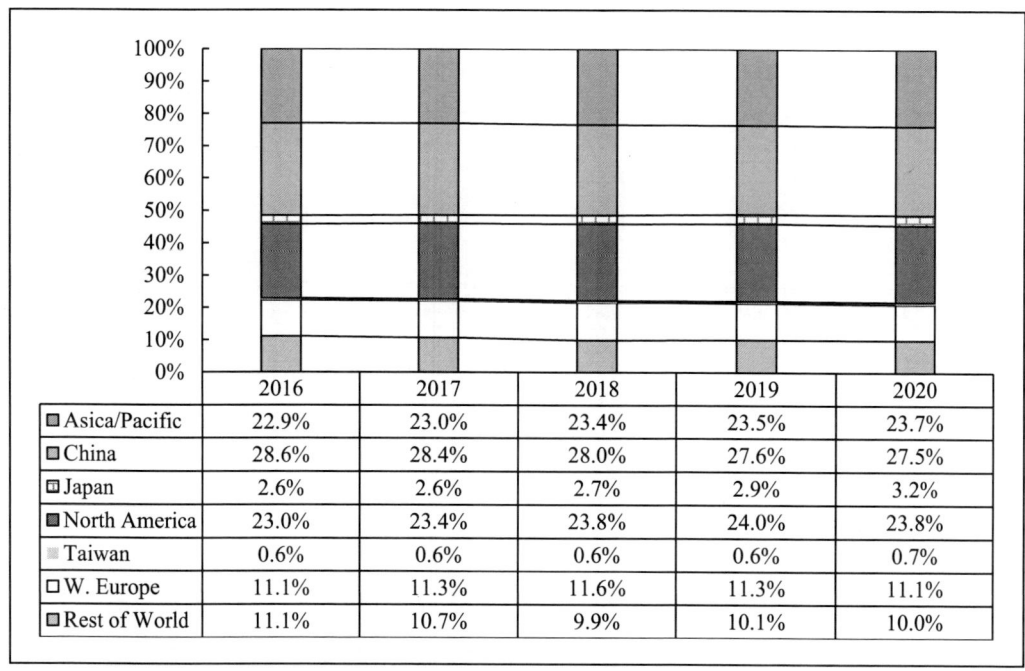

	2016	2017	2018	2019	2020
Asica/Pacific	22.9%	23.0%	23.4%	23.5%	23.7%
China	28.6%	28.4%	28.0%	27.6%	27.5%
Japan	2.6%	2.6%	2.7%	2.9%	3.2%
North America	23.0%	23.4%	23.8%	24.0%	23.8%
Taiwan	0.6%	0.6%	0.6%	0.6%	0.7%
W. Europe	11.1%	11.3%	11.6%	11.3%	11.1%
Rest of World	11.1%	10.7%	9.9%	10.1%	10.0%

資料來源：資策會 MIC 經濟部 ITIS 研究團隊整理，2021 年 7 月

圖 4-4　2016-2020 年臺灣桌上型電腦產業銷售地區別產量比重

（四）產品結構分析

處理器大廠 Intel 與 AMD 在桌機的競爭由來已久，但近幾年最大的轉折點可以說是發生在 2018 下半年，當時 Intel 出現 14nm 桌上型處理器缺貨事件及 10nm 製程發展進度不斷延後的狀況，隨著 AMD 處理器架構持續更新、提升製程技術與保持性價比的市場認知，致使 AMD 自 Intel 處理器缺貨事件爆發以來逐步侵蝕市場，同時因 AMD 與 TSMC 合作，以先進製程技術打造處理器，使得 AMD 在整體桌機處理器的市場占有率不斷提升，2020 年 AMD 市占率來到近四分之一。

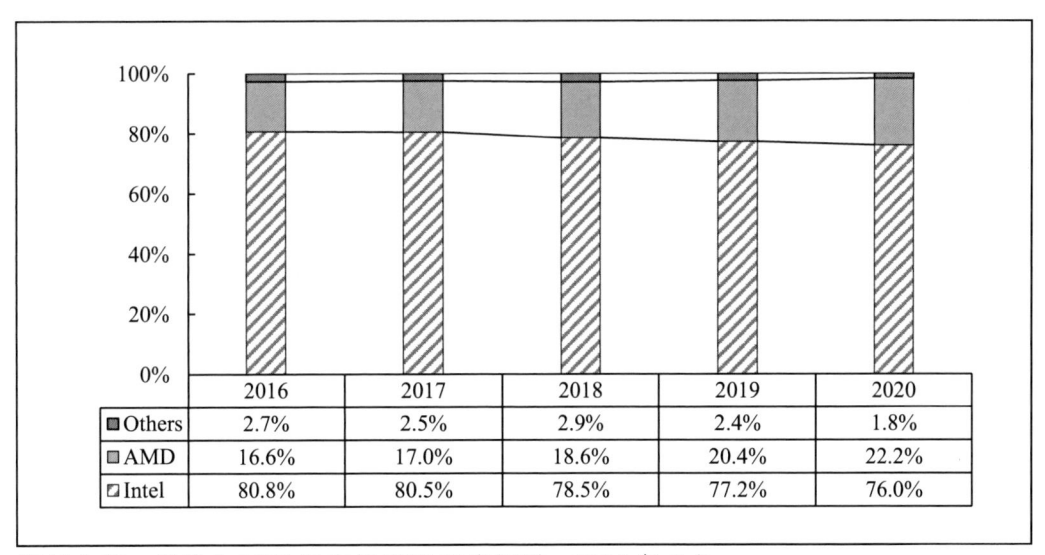

	2016	2017	2018	2019	2020
Others	2.7%	2.5%	2.9%	2.4%	1.8%
AMD	16.6%	17.0%	18.6%	20.4%	22.2%
Intel	80.8%	80.5%	78.5%	77.2%	76.0%

資料來源：資策會 MIC 經濟部 ITIS 研究團隊，2021 年 7 月

圖 4-5　2016-2020 年臺灣桌上型電腦產業中央處理器採用架構分析

（五）發展趨勢分析

2020 年全球疫情持續蔓延，疫苗生產與施打進度各國不一，在民眾日常生活尚未回到正軌之際，桌機產業需求恐將仍持保守看待。加上近年來桌機部分需求轉移至筆記型電腦以及其他攜帶式智慧裝置，致使桌機產業呈現逐年萎縮現象。臺灣桌機以代工業者為主，持

續以提高毛利為目標，精進高技術門檻產品的製作能力，例如：電競桌機、商用桌機、AIO PC、創作者應用等。

在美中關係變化與COVID-19疫情持續影響下，促使PC供應鏈正視產地移轉的問題，然而無論產業如何遷移，業者的製造成本都會連帶上升，對於毛利不易提高的PC代工業者而言勢必成為負擔，勢必需優化代工產品組合以求確保利潤。

二、臺灣筆記型電腦產業狀況與發展趨勢分析

（一）產量與產值分析

臺灣筆記型電腦產業2020年出貨量為163,196千台，年成長率達26.3%。2020年初中國大陸爆發COVID-19疫情，快速蔓延的疫情致使中國大陸工廠無法於農曆春節後順利開工，因而使筆電生產受到衝擊，臺灣業者出貨量顯著衰退，所幸第二季工廠作業恢復正常，生產端危機宣告解除。

觀察需求端的狀況，COVID-19疫情雖致使世界各國採取積極的人流管控及封境措施，然而管制措施的限制，卻意外激發遠距商機，筆電因便於攜帶、運算效能佳，且價格多落在商業用戶與一般民眾可負擔的範圍，成為了遠距上班、遠距上課以及線上娛樂的首選工具，故使得筆電自2020年第二季起，出貨量呈現每季節節上升的盛況，也因而帶動2020年臺灣筆電出貨大幅增長的情況。

筆記型電腦屬於成熟產業，多年來皆以HP、Dell、Lenovo為首，接著是近年逐步成長的Apple以及臺灣代表廠商ASUS及Acer，另外還包含Samsung、LG、小米、Google與Microsoft等品牌廠商。其中，HP、Dell等美系廠商主要鎖定歐美兩大市場；臺廠除了鎖定歐美兩大市場外，也於近年擴大布局東南亞市場。

Lenovo、小米等中國大陸業者則藉由貼近中國大陸本地市場需求的競爭優勢，在中國大陸扎根，並透過低價策略進軍其他區域市場。韓國業者筆電則受惠集團內具備面板、記憶體等關鍵零組件，因

此多採集團內自製,並鎖定內需市場。日本品牌 NEC、Fujitsu、Toshiba 的電腦事業部門則多被中國大陸及臺灣業者收購。

至於筆電代工產業則以臺灣廠商為主導,2020 年全球前五大代工廠分別為廣達、仁寶、緯創、英業達以及和碩,臺灣代工廠於全球市占率約占 81.5%,始終維持相當高的比例。臺灣除了具備長遠以來的筆電代工實力,與全球品牌廠商關係亦相當穩固外,與臺灣 IC 設計業者更具備穩定的客戶關係,也因而使得臺灣代工業者在 2020 年下半年遭遇全球筆電缺料的情形時,得以較其他地區業者獲得較穩定的料件供貨來源。

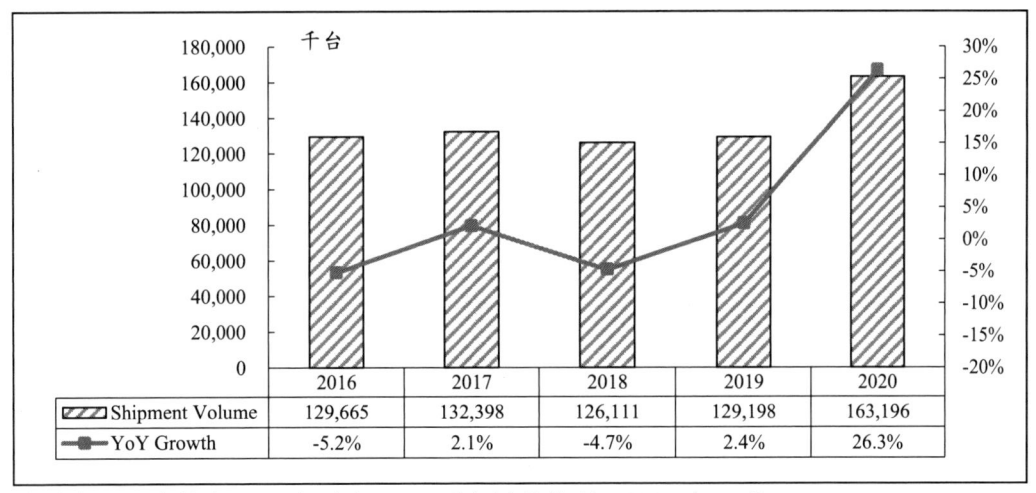

	2016	2017	2018	2019	2020
Shipment Volume	129,665	132,398	126,111	129,198	163,196
YoY Growth	-5.2%	2.1%	-4.7%	2.4%	26.3%

資料來源:資策會 MIC 經濟部 ITIS 研究團隊整理,2021 年 7 月

圖 4-6　2016-2020 年臺灣筆記型電腦產業總產量

2020 年臺灣筆電代工出貨量大幅成長,產值年成長率更高達 28.0%,約 73,713 百萬美元。2020 年第二季,因應遠距辦公帶動的商用筆電需求大增,帶動 ASP 提升;第三季起 Chromebook 等教育筆電需求持續拉升,雖小幅拉低 ASP,但需求量的大幅成長仍使得第三季臺灣筆電產值維持相當不錯的表現;第四季在各應用產品機種需求持續,搭載新款處理器的筆電新品上市等影響下,使得 2020 年臺灣筆電產值呈現逐季升高的情形,整體而言,2020 年 ASP 較 2019 年成長。

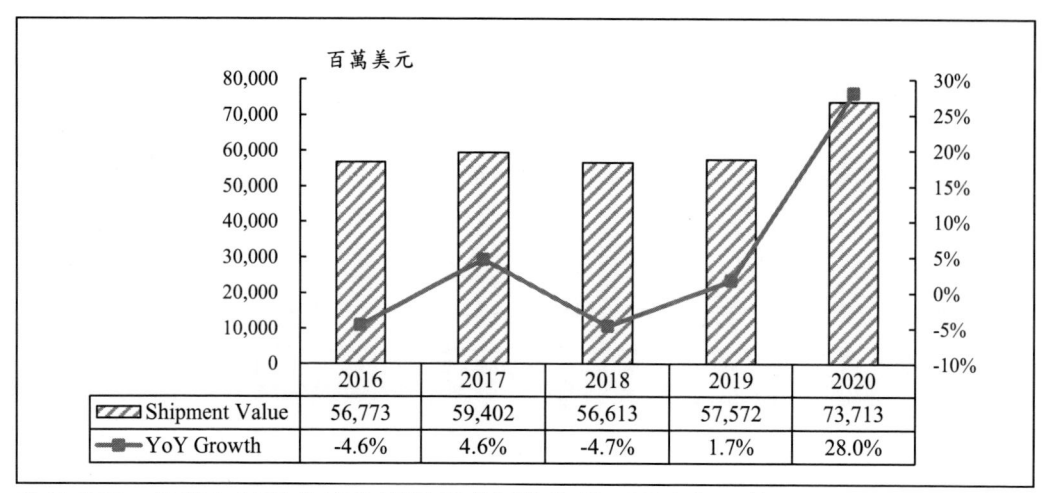

	2016	2017	2018	2019	2020
Shipment Value	56,773	59,402	56,613	57,572	73,713
YoY Growth	-4.6%	4.6%	-4.7%	1.7%	28.0%

資料來源：資策會 MIC 經濟部 ITIS 研究團隊整理，2021 年 7 月

圖 4-7　2016-2020 年臺灣筆記型電腦產業總產值

（二）業務型態分析

　　在筆記型電腦產業的業務型態上，臺灣的代工實力一直都占據全球重要位置，也因此在臺灣筆記型電腦產業中，代工生產模式始終占絕大多數，除了少部分利基市場，如 MSI 自行生產電競筆電，透過自行研發生產，強化電競功能的整合外，Acer、ASUS 等臺灣知名筆電品牌廠本身並無產能，而是仰賴其他代工廠商進行生產，也因此，OBM 在臺灣筆電業務的占比始終不大，近五年來臺灣筆電業務型態的變動性相當小幅。

	2016	2017	2018	2019	2020
■ OEM/ODM	98.6%	98.6%	98.6%	98.8%	98.7%
□ OBM	1.4%	1.4%	1.4%	1.2%	1.3%

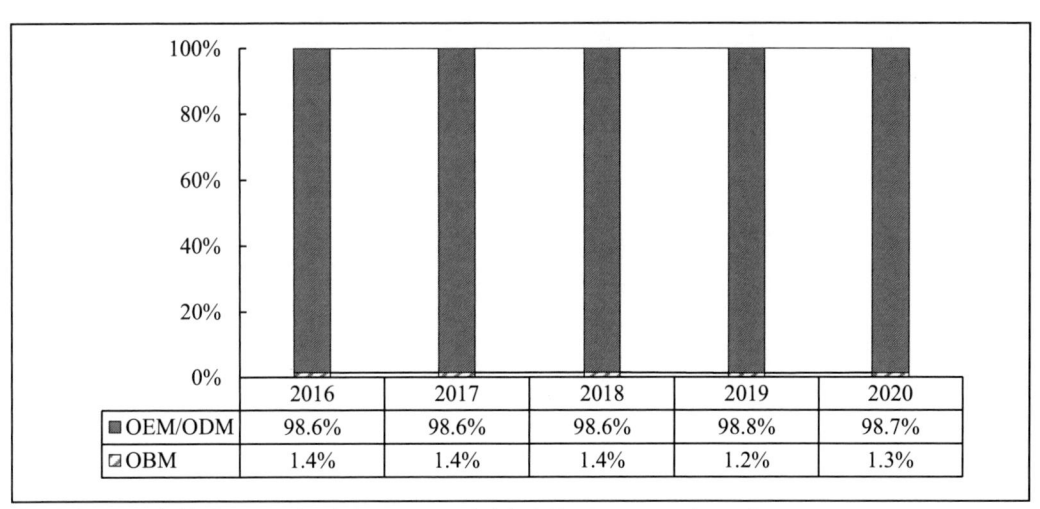

資料來源：資策會 MIC 經濟部 ITIS 研究團隊整理，2021 年 7 月

圖 4-8　2016-2020 年臺灣筆記型電腦產業業務型態別產量比重

（三）出貨地區分析

在臺灣筆記型電腦區域市場出貨方面，北美地區在疫情推動居家上班、線上上課等宅經濟需求下，帶動 HP 及 Dell 等兩大美國品牌出貨，連帶提升臺灣業者北美出貨量。西歐市場近年則因 Lenovo 以低價搶市方式進軍西歐國家，致使臺灣業者在西歐地區的出貨量呈現下滑。

日本市場則受惠 Chromebook 教育標案的釋出，不僅讓日本市場的筆電出貨大幅上升，更因此使得 Chromebook 主力代工的臺灣業者獲取龐大的訂單。至於中國大陸市場長期以 Lenovo、華為、小米等陸系品牌占據大部分的市占率，在美中貿易糾紛下，華為積極布建高階手機以外的產品，筆電正是其中一項，華為筆電市場的成長同時也讓臺灣對中國大陸的出貨量小幅成長。而在東南亞市場的部分，雖在電競、教育等市場均有所成長，但因成長幅度不若其他地區來的大，因此被稀釋掉占比。

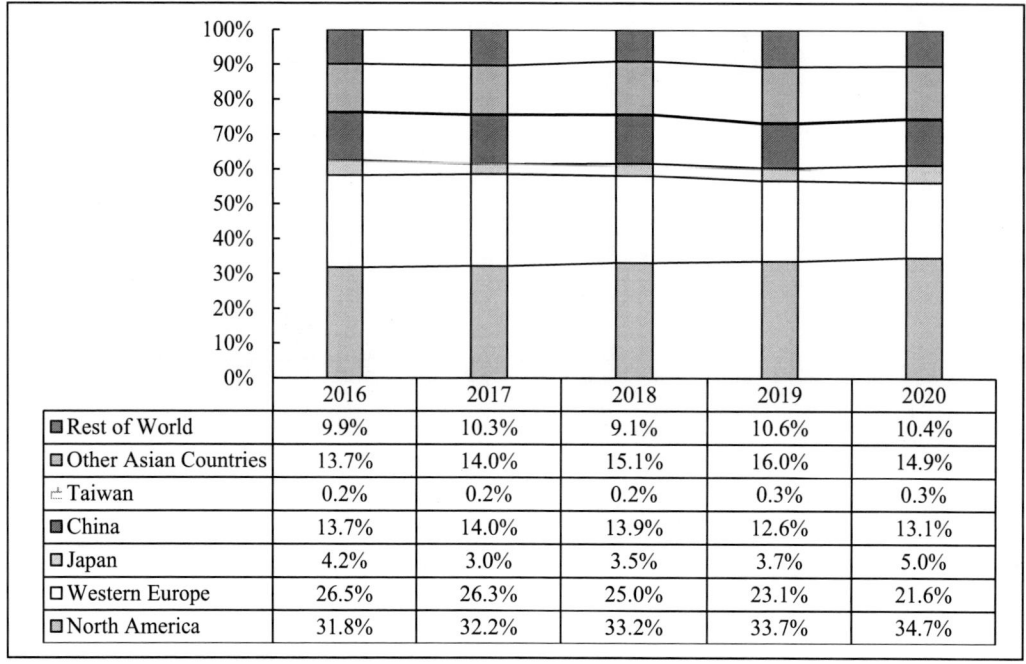

	2016	2017	2018	2019	2020
■ Rest of World	9.9%	10.3%	9.1%	10.6%	10.4%
□ Other Asian Countries	13.7%	14.0%	15.1%	16.0%	14.9%
☐ Taiwan	0.2%	0.2%	0.2%	0.3%	0.3%
■ China	13.7%	14.0%	13.9%	12.6%	13.1%
□ Japan	4.2%	3.0%	3.5%	3.7%	5.0%
□ Western Europe	26.5%	26.3%	25.0%	23.1%	21.6%
□ North America	31.8%	32.2%	33.2%	33.7%	34.7%

資料來源：資策會MIC 經濟部ITIS 研究團隊整理，2021年7月

圖4-9　2016-2020年臺灣筆記型電腦產業銷售地區別產量比重

（四）產品結構分析

2020年，因應COVID-19疫情影響，Chromebook等教育筆電出貨量受惠歐美日等各國教育標案的釋出而大幅成長，連帶使得Chromebook主流使用的11.6吋及14吋面板供給吃緊。Chromebook用的11.6吋及14吋低階TN面板供應商以臺灣廠商為主，供應量相對較少的情況也使得供給缺口於2020年第三季起變得更大。

另外，受惠居家上班需求提升，用以因應多工處理及視訊需求的大螢幕款式筆電出貨有所攀升。疫情下的居家娛樂需求更帶動電競筆電螢幕升級，大螢幕、高效能的電競筆電機種讓使用者可沉浸於臨場感十足的遊戲世界，也因而促使16吋以上筆電出貨量提升。15吋的筆電機種則因無特殊應用市場需求，因此整體出貨量與2019年並無太大差異，但在11吋到14吋筆電機種因教育市場發酵，以及16

吋以上筆電受惠民眾對大螢幕需求的提升下,使得 15 吋機種的比重受到稀釋。

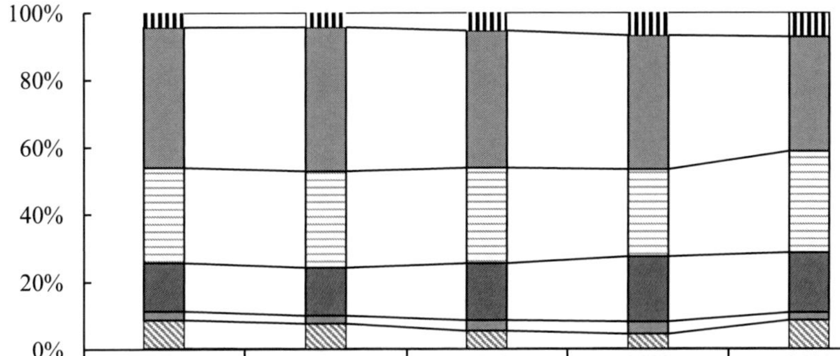

	2016	2017	2018	2019	2020
≧16.x	4.3%	4.3%	5.4%	6.8%	7.2%
15.x	41.7%	42.8%	40.7%	39.8%	34.0%
14.x	28.3%	28.7%	28.3%	25.9%	30.1%
13.x	14.3%	14.2%	16.9%	19.3%	17.7%
12.x	2.6%	2.4%	3.2%	3.7%	2.3%
11.x	8.5%	7.5%	5.4%	4.4%	8.5%
≦10.x	0.3%	0.2%	0.1%	0.2%	0.2%

資料來源:資策會 MIC 經濟部 ITIS 研究團隊整理,2021 年 7 月

圖 4-10　2016-2020 年臺灣筆記型電腦產業尺寸別產量比重

(五)發展趨勢分析

　　Intel 自 2018 年的處理器缺貨事件以來,在 PC 領域的市占率逐年下降,雖然在商用市場中,因為產品穩定性及充足的支援服務而使 Intel 保持優勢,然而近年來不論是在電競筆電或教育筆電等消費性市場,卻可見 Intel 遭受以性價比為主打亮點的 AMD,逆勢襲擊。

　　分析 Intel 市占率持續下滑的原因除了因為持續性的 CPU 缺貨致使 AMD 有機可乘外,Intel 對於中低階處理器重視度較低亦是其中一個原因。另外近期教育筆電的快速增長以及 Apple 持續將自製處理器 M1 搭載在更多筆電產品,更致使 AMD 甚至是其他 Arm 架構處理器快速搶占筆電處理器市占率。

為持續鞏固商用筆電市占，Intel 於 2020 年推出代號 Tiger Lake 的第 11 代 Core-i 處理器，取代上一代 Ice Lake 成為輕薄筆電的主要處理器，並推出 Intel Evo 平台，針對休眠喚醒時間、電池續航時間、電池充電時間、螢幕解析度等面向進行驗證，期盼透過優良品質的保證，並藉此促使 Evo 商標成為消費者選購高效能筆電的重要依據，強化品牌影響力。

於此同時，AMD 持續針對行動處理器系列進行更新，除了推出 Ryzen 4000 系列，更發表適用於商用筆電的 Ryzen Pro 4000 系列，藉此擴大與 PC 品牌業者的合作，欲搶攻商用市場。

另一個強勢進軍 CPU 市場的是 Apple，Apple 於 2020 年 6 月 22 日舉行的全球開發者大會（WWDC）中，宣布未來 Apple 個人電腦將不再使用 Intel 處理器，而是採用自己設計的 Arm 架構處理器 M1，相關搭載機種已於 2020 年 11 月正式推出，包含筆電機種 MacBook Air 與 13 吋 MacBook Pro 以及桌機機種 Mac mini。不過由於 Apple M1 處理器於 2020 年底才正式推出，因此在 2020 年時相關搭載的筆電出貨量仍為少數。

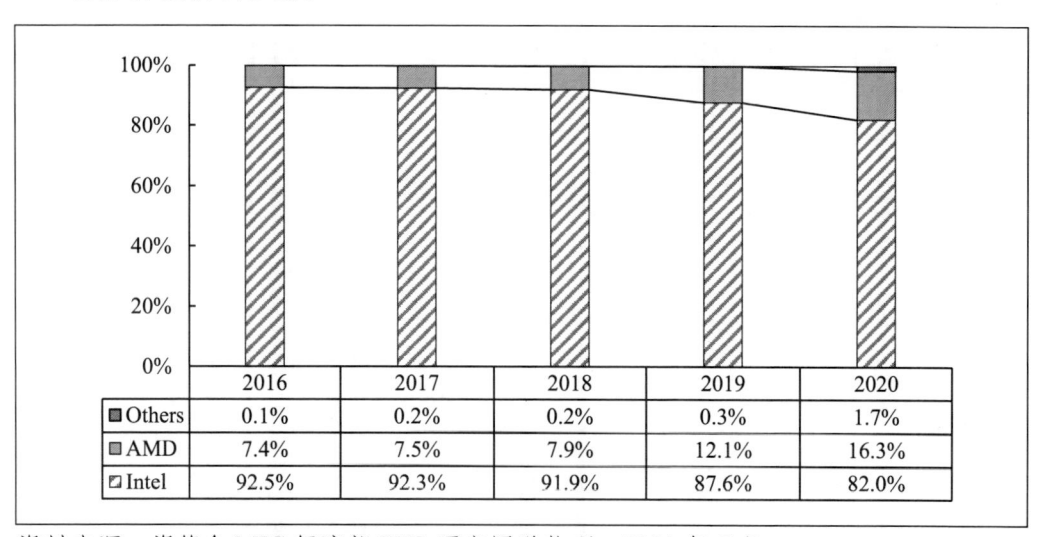

	2016	2017	2018	2019	2020
Others	0.1%	0.2%	0.2%	0.3%	1.7%
AMD	7.4%	7.5%	7.9%	12.1%	16.3%
Intel	92.5%	92.3%	91.9%	87.6%	82.0%

資料來源：資策會 MIC 經濟部 ITIS 研究團隊整理，2021 年 7 月

圖 4-11　2016-2020 年臺灣筆記型電腦產業產品平台型態

三、臺灣伺服器產業狀況與發展趨勢分析

（一）產量與產值分析

　　2020年臺灣伺服器代工業務依照組裝的完整程度，可以分為主機板型態（Motherboard）、Level 6的準系統型態（Barebone）、Level 10的系統型態（Full System）。探究其定義，Level 10系統型態為：準系統安裝三大件（CPU、Memory、Storage），可直接開機之伺服器產品；Level 6準系統型態為將主機板與其它小板、機殼、電源供應器、風扇、光碟機等配備組裝，尚未安裝三大件（CPU、Memory、Storage）；主機板型態指印刷電路板（PCB）完成表面貼焊零件（Surface Mount Technology, SMT）後的PCB Assembley（PCBA），並尚未進行機殼組裝。

　　檢視臺灣廠商伺服器出貨型態，2020年臺灣伺服器主機板出貨占比與2019年相差不大，達到54.8%，系統及準系統出貨占比則為45.2%。將主機板出貨給其他國家的組裝廠進行代工仍為臺灣廠商重要的營業模式，而為適應雲端資料中心的需求，許多廠商也會以系統或準系統的方式進行出貨。

　　以伺服器主機板出貨而言，較2019年上升3.7%，達5,402千片。以系統及準系統出貨而言，較2019年上升3.2%，達4,447千台，主機板與系統及準系統均表現成長，進一步分析，臺灣伺服器產業在2020年仍在持續成長，主因為雲端運算、資料中心需求的提升。

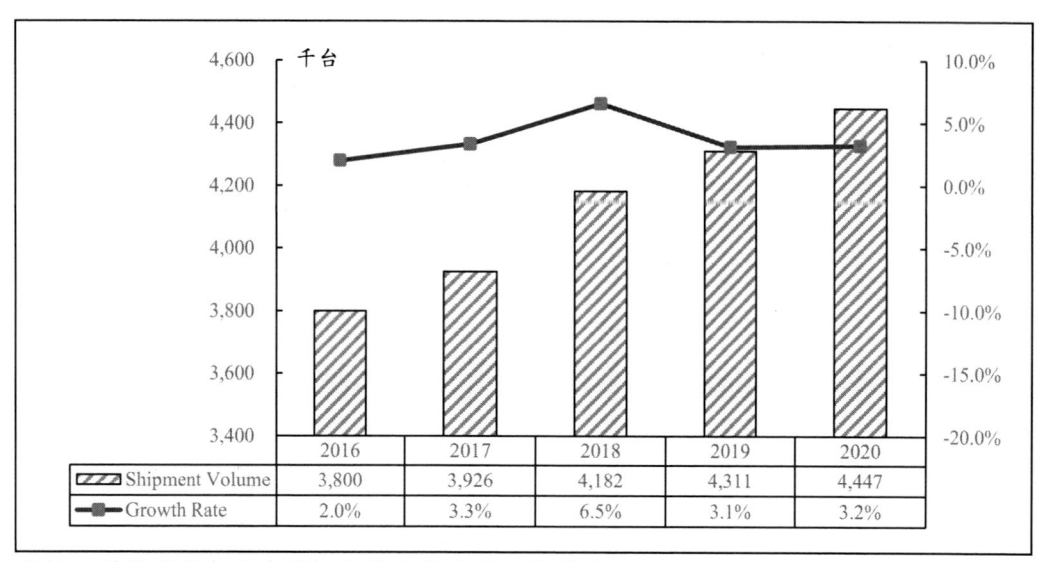

	2016	2017	2018	2019	2020
Shipment Volume	3,800	3,926	4,182	4,311	4,447
Growth Rate	2.0%	3.3%	6.5%	3.1%	3.2%

備註：系統產品包含全系統和準系統產品出貨形式
資料來源：資策會 MIC 經濟部 ITIS 研究團隊整理，2021 年 7 月

圖 4-12　2016-2020 年臺灣伺服器系統產業總產量

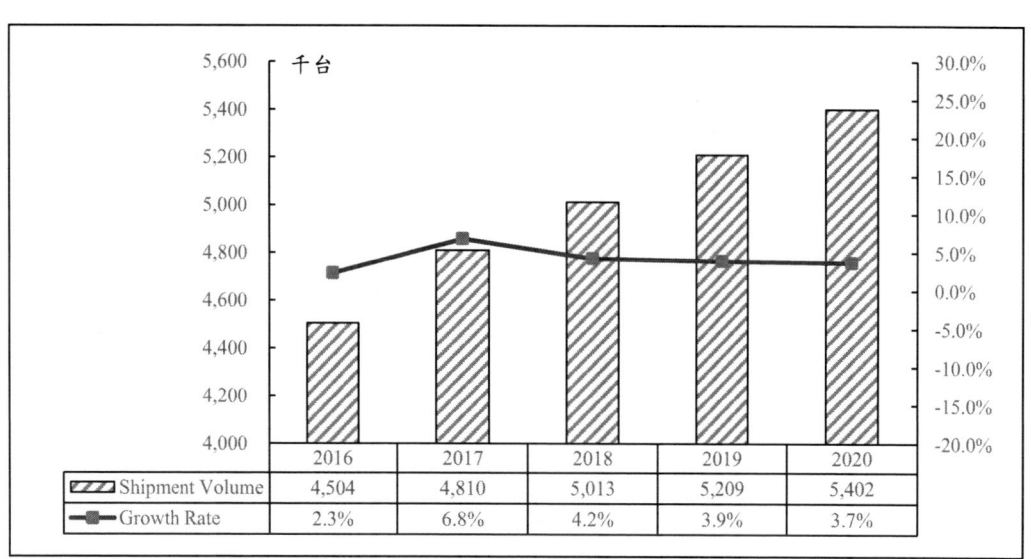

	2016	2017	2018	2019	2020
Shipment Volume	4,504	4,810	5,013	5,209	5,402
Growth Rate	2.3%	6.8%	4.2%	3.9%	3.7%

資料來源：資策會 MIC 經濟部 ITIS 研究團隊整理，2021 年 7 月

圖 4-13　2016-2020 年臺灣伺服器主機板產業總產量

檢視臺灣伺服器產值狀態，2020年在疫情之下，伺服器產業迎來第二春，而ASP方面，儘管資料中心的高階產品需求提升，在其大量採購下也產生較強的議價能力，因此系統與準系統之平均單價基本維持不變，達到2,508美元，產值方面上升3.1%，達到11,152百萬美元。另一方面，主機板產值從2019年的1,737百萬美元提升至1,813百萬美元。合計2020年臺灣伺服器產值約12,965百萬美元，相比2019年成長3.2%，主因為遠距上班、雲端服務及影音串流需求增加，雲端資料中心積極拉貨所造成的影響。

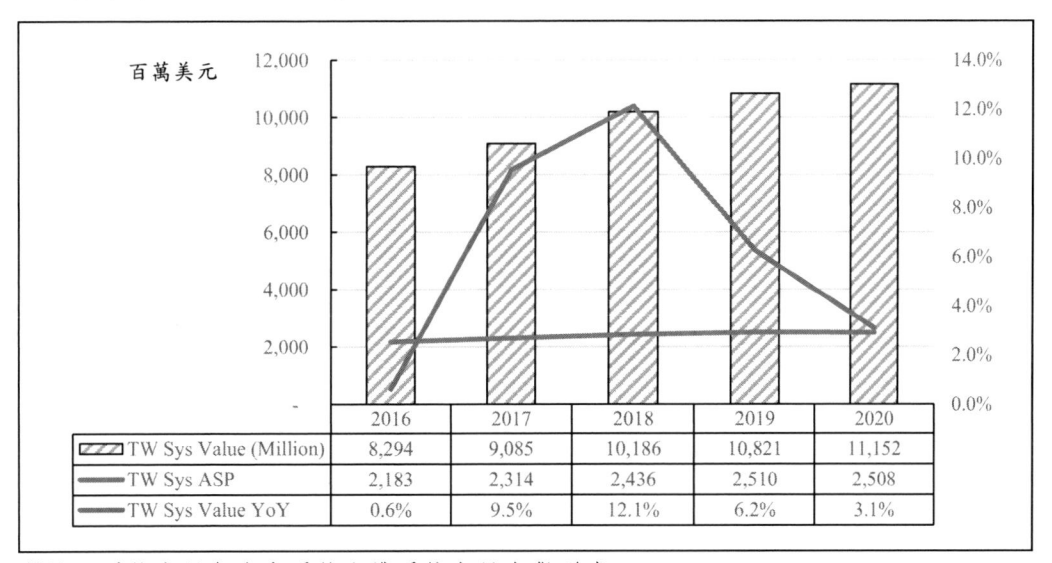

百萬美元	2016	2017	2018	2019	2020
TW Sys Value (Million)	8,294	9,085	10,186	10,821	11,152
TW Sys ASP	2,183	2,314	2,436	2,510	2,508
TW Sys Value YoY	0.6%	9.5%	12.1%	6.2%	3.1%

備註：系統產品包含全系統和準系統產品出貨形式
資料來源：資策會MIC經濟部ITIS研究團隊整理，2021年7月

圖4-14　2016-2020年臺灣伺服器系統產值與平均出貨價格

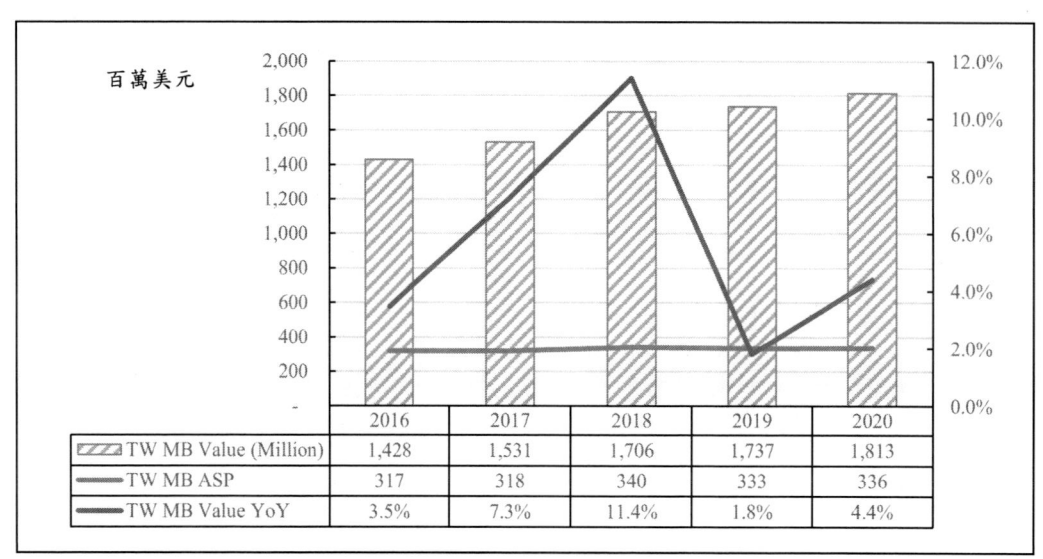

	2016	2017	2018	2019	2020
TW MB Value (Million)	1,428	1,531	1,706	1,737	1,813
TW MB ASP	317	318	340	333	336
TW MB Value YoY	3.5%	7.3%	11.4%	1.8%	4.4%

資料來源：資策會 MIC 經濟部 ITIS 研究團隊整理，2021 年 7 月

圖 4-15　2016-2020 年臺灣伺服器主機板產值與平均出貨價格

（二）業務型態分析

檢視臺灣伺服器業務型態，臺灣伺服器產業依據客戶族群，可概分為兩大類型，一為協助國際品牌大廠代工的業者，例如 HP、Dell EMC、Lenovo、IBM 等，臺灣代工廠主要有鴻海、英業達、緯創、廣達和神達，另一則與網際網路服務業者（ISP）合作生產專屬客製化伺服器，以白牌或自有品牌模式出貨資料中心之業者，例如 AWS、Azure、GCP 等，臺灣代工廠主要有雲達、緯穎和泰安等。

2020 年臺灣白牌與自有品牌比率持續上升，由 2019 年的 32.7%，上升至 2020 年的 34.7%。主要的原因在於雲端服務大廠持續布建資料中心，因此對伺服器的需求提升，而其基本上是透過直接像臺灣代工廠下單來降低成本。而過去由臺灣代工給伺服器品牌商，伺服器品牌商再賣給雲端服務大廠的模式則逐漸減少。同時中國大陸部分伺服器品牌廠開始採取自行生產（In-house）的模式，因此開放給臺灣代工廠的訂單略微降低。在雲端運算的需求仍在擴增的情形下，預期白牌與自有品牌占比將持續提升。

第四章　臺灣資訊硬體產業個論

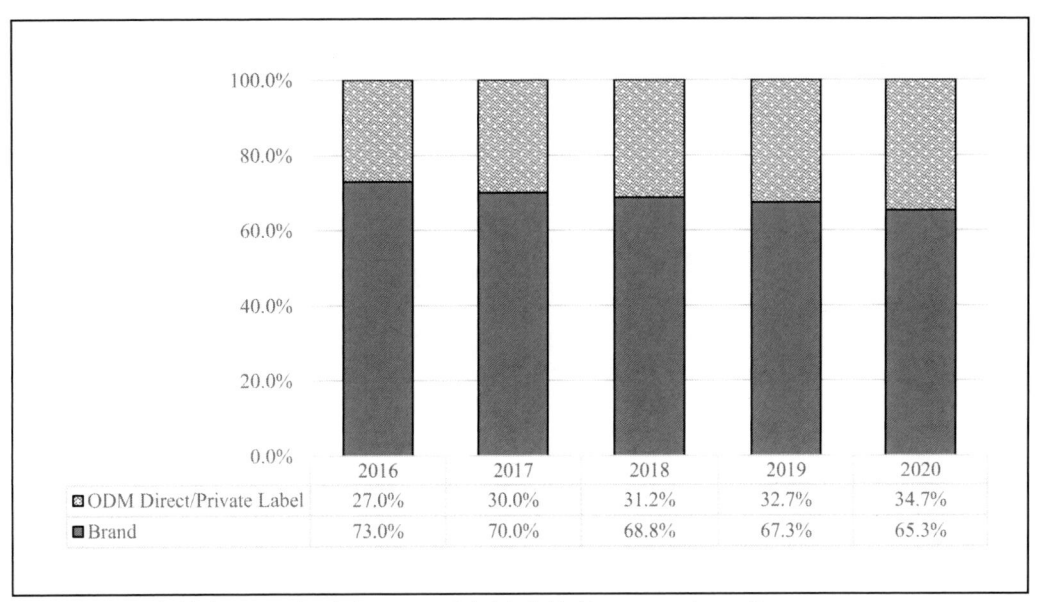

年度	2016	2017	2018	2019	2020
ODM Direct/Private Label	27.0%	30.0%	31.2%	32.7%	34.7%
Brand	73.0%	70.0%	68.8%	67.3%	65.3%

資料來源：資策會 MIC 經濟部 ITIS 研究團隊整理，2021 年 7 月

圖 4-16　2016-2020 年臺灣伺服器系統產業業務型態別比重

（三）出貨地區分析

檢視臺灣伺服器出貨地區型態，過去由於產品型態特點的關係，伺服器的製造生產流程大多是由中國大陸製造生產主機板或準系統。然而在疫情爆發、中美科技戰持續、中國大陸祭出各項環保法規、工資上漲等情形下，主機板和準系統的生產開始回流臺灣或是轉移至東南亞，而最終將寄送至主要市場附近關鍵集結地組裝為系統型態後出貨，因此臺灣廠商會以擴廠或併購的方式於主要市場建造組裝廠，若以北美市場而言，墨西哥即為組裝重鎮。

觀察各出貨地區狀況，美國比重從 2019 年的 33.9%上升至 34.6%，主因在於 Amazon、Microsoft、Google、Facebook 等雲端大廠為擴建資料中心，持續積極的拉貨。中國大陸比重從 16.1%上升至 16.3%，主因為中國大陸政府加大於資料中心建設的投資，因此促成浪潮等伺服器品牌廠及阿里巴巴、騰訊、字節跳動等雲端大廠需求提升，也帶動臺灣廠商的出貨。

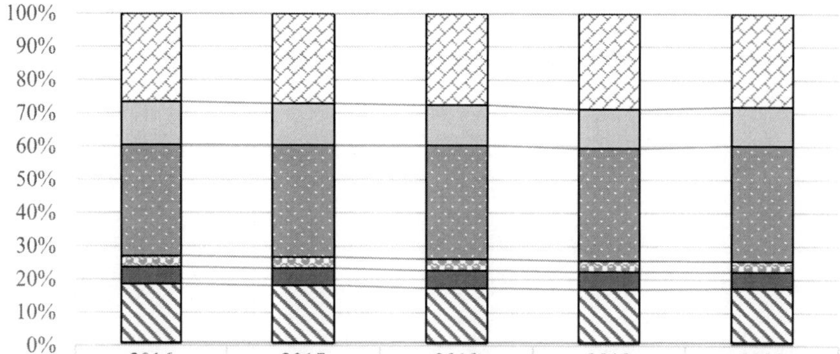

	2016	2017	2018	2019	2020
Rest of World	26.6%	27.1%	27.6%	28.8%	28.1%
Western Europe	12.9%	12.5%	12.1%	11.7%	11.7%
United States	33.5%	33.8%	34.2%	33.9%	34.6%
Rest of Asia Pacific	3.3%	3.3%	3.4%	3.3%	3.2%
Japan	5.1%	5.1%	5.4%	5.2%	5.1%
China	17.8%	17.3%	16.4%	16.1%	16.3%
Taiwan	0.8%	0.8%	0.9%	1.0%	1.0%

備註：系統產品包含全系統和準系統產品出貨形式
資料來源：資策會 MIC 經濟部 ITIS 研究團隊整理，2021 年 7 月

圖 4-17　2016-2020 年臺灣伺服器系統產業銷售區域比重

（四）產品結構分析

　　檢視臺灣伺服器產品結構型態，2020 年仍以 2U 與 1U 機架式（Rack）為主流，主因在於資料中心以機架式為主，而企業機房也越發偏向購買能夠彈性調整的機架式機台，整體比重從 65.8%微幅上升至 66%。進一步觀察 2U 市場占有率從 35.3%下滑至 34.9%，1U 市場占有率從 30.5%上升至 31.1%，1U 機台因為最適合資料中心的配置故占比提升。塔式（Tower）比重逐年下滑，過往企業對伺服器的需求可能配置幾台塔式即可符合運算需求，然在數位轉型及資料量不斷上升的情形下，塔式將無法適應機房的整體配置，並且在擴充上也較為困難，因此占比將持續下滑。

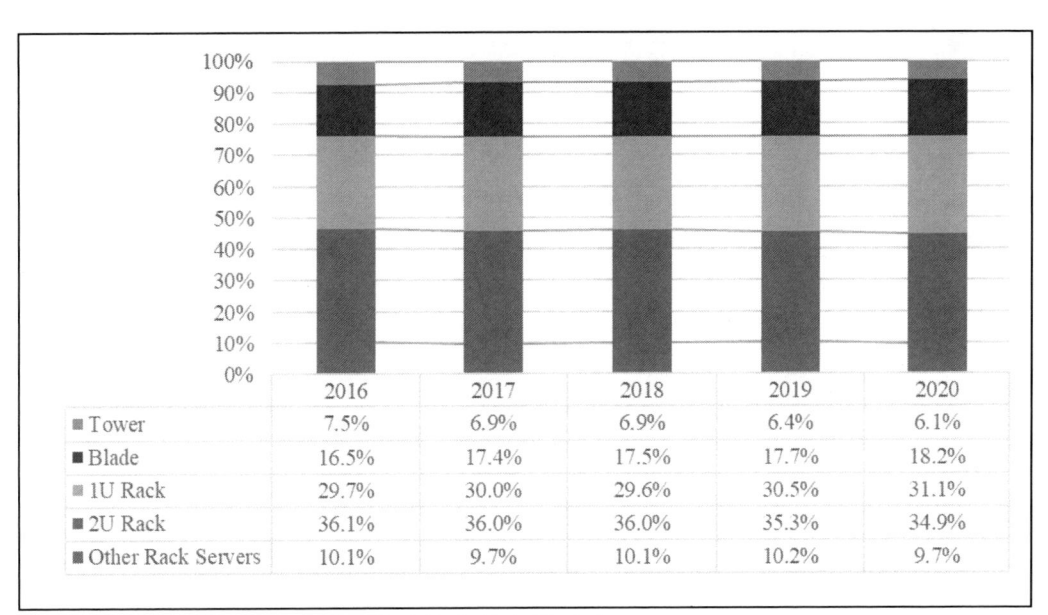

	2016	2017	2018	2019	2020
Tower	7.5%	6.9%	6.9%	6.4%	6.1%
Blade	16.5%	17.4%	17.5%	17.7%	18.2%
1U Rack	29.7%	30.0%	29.6%	30.5%	31.1%
2U Rack	36.1%	36.0%	36.0%	35.3%	34.9%
Other Rack Servers	10.1%	9.7%	10.1%	10.2%	9.7%

備註：系統產品包含全系統和準系統產品出貨形式
資料來源：資策會 MIC 經濟部 ITIS 研究團隊整理，2021 年 7 月

圖 4-18　2016-2020 年臺灣伺服器系統產業外觀形式出貨分析

（五）發展趨勢分析

2020 年臺灣伺服器產業重點發展趨勢，因為雲端資料中心的需求，高效能運算（High Performance Computing, HPC）、AI 等持續成為發展重點。Intel 因伺服器平台再次延遲，同時 AMD 產品性能出現提升，伺服器品牌廠與資料中心業者皆開始推出與使用可以搭載 AMD 處理器的伺服器，進而提高 AMD 市場占有率。

此外，Google 及 Microsoft 等雲端服務提供商，皆宣布在我國擴建資料中心，將與臺灣伺服器產業鏈產生更緊密的合作。在 5G、電信商與邊緣運算方面，伺服器業者已開始進行布局，將可望成為出貨提升的動能。

四、臺灣主機板產業狀況與發展趨勢分析

（一）產量與產值分析

2020 年臺灣主機板產量達 77,049 千片，年衰退率約 6.0%，COVID-19 疫情是影響主機板產業銷售的主要因素。受到疫情衝擊，致使各國企業因應防疫政策實施居家辦公措施，宅在家中時間拉長，間接帶動使用者升級家中電腦設備的需求。過去消費者因主機板可使用年限長，頂多選擇更換新的處理器提升效能，致使主機板需求不高。如今受惠宅經濟需求旺盛，帶動主機板需求表現，加上遊戲廠商因應消費者在家時間拉長，陸續推出多款遊戲大作上線，搶攻遊戲客群市場。

國際政經局勢方面，美中貿易戰自 2018 年中後正式開打，2019 年 5 月由中國大陸商品輸美課徵的關稅從 10%上調至 25%，影響範圍包括桌機、主機板、顯示卡等產品的銷售毛利，所幸美國總統川普任期內將主機板與顯示卡等商品之關稅課徵一延再延至 2020 年 12 月 31 日為止，然自 2021 年 1 月 1 日起，主機板與顯示卡關稅豁免正式失效，從 0%調升回 25%，至此桌機、主機板、顯示卡等商品無一倖免，此次關稅提高事件勢必反應到終端零售市場價格，連帶影響消費者購買意願。

產值方面，2020 年臺灣主機板產值約 4,125 百萬美元，年衰退率約 2.6%。觀察下滑原因為零組件供貨不足影響出貨，進而導致元件漲價使主機板品牌商調整售價以反應成本等因素，影響主機板整體銷售表現，2020 年之臺灣業者出貨 ASP 高於 2019 年。

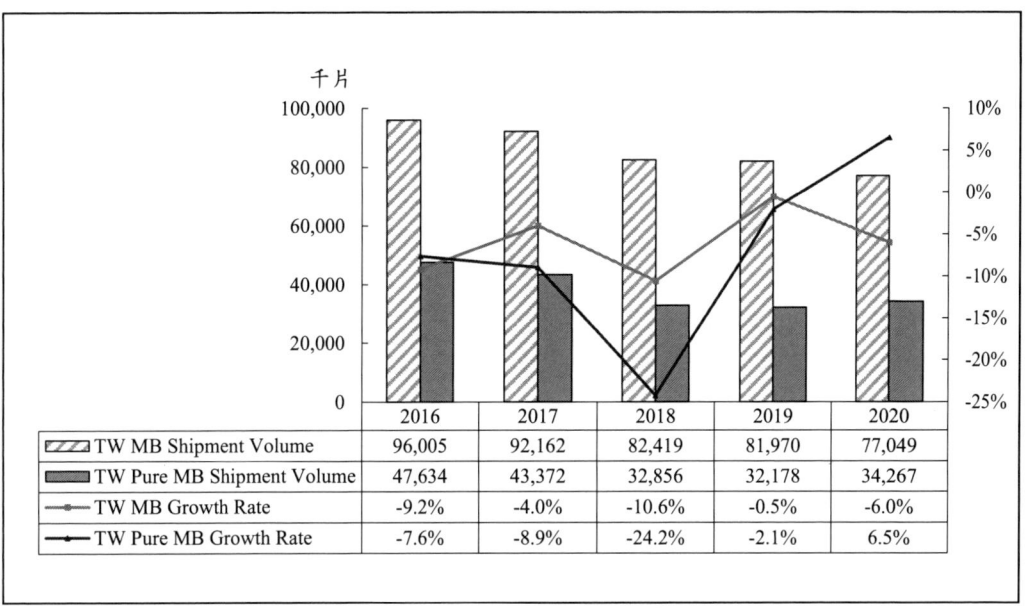

	2016	2017	2018	2019	2020
TW MB Shipment Volume	96,005	92,162	82,419	81,970	77,049
TW Pure MB Shipment Volume	47,634	43,372	32,856	32,178	34,267
TW MB Growth Rate	-9.2%	-4.0%	-10.6%	-0.5%	-6.0%
TW Pure MB Growth Rate	-7.6%	-8.9%	-24.2%	-2.1%	6.5%

資料來源：資策會 MIC 經濟部 ITIS 研究團隊整理，2021 年 7 月

圖 4-19　2016-2020 年臺灣主機板產業總產量

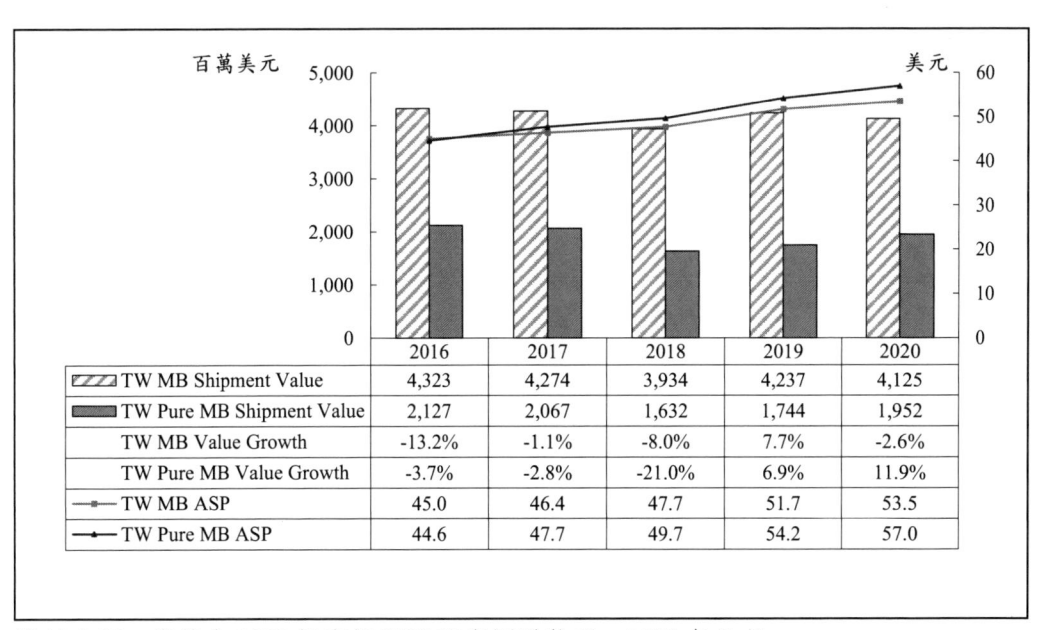

	2016	2017	2018	2019	2020
TW MB Shipment Value	4,323	4,274	3,934	4,237	4,125
TW Pure MB Shipment Value	2,127	2,067	1,632	1,744	1,952
TW MB Value Growth	-13.2%	-1.1%	-8.0%	7.7%	-2.6%
TW Pure MB Value Growth	-3.7%	-2.8%	-21.0%	6.9%	11.9%
TW MB ASP	45.0	46.4	47.7	51.7	53.5
TW Pure MB ASP	44.6	47.7	49.7	54.2	57.0

資料來源：資策會 MIC 經濟部 ITIS 研究團隊整理，2021 年 7 月

圖 4-20　2016-2020 年臺灣主機板產業產值與平均出貨價格

（二）業務型態分析

　　針對本身具備產能之臺灣主機板業者進行統計，OEM/ODM 為最主要的業務型態，2020 年比重達 73.1%，較 2019 年微幅下降。受惠於 2020 年多款電競新品的推出，以及顯示卡兩年一次的架構更新所帶動的市場需求，OBM 比重來到 26.9%。臺灣部分業者均有經營自有品牌，如技嘉、微星等，品牌及研發能力皆有不錯基礎，2020 年宅經濟商機刺激電競市場需求旺盛，因其對效能、穩定度等要求較高，帶動高階主機板市場的需求表現。

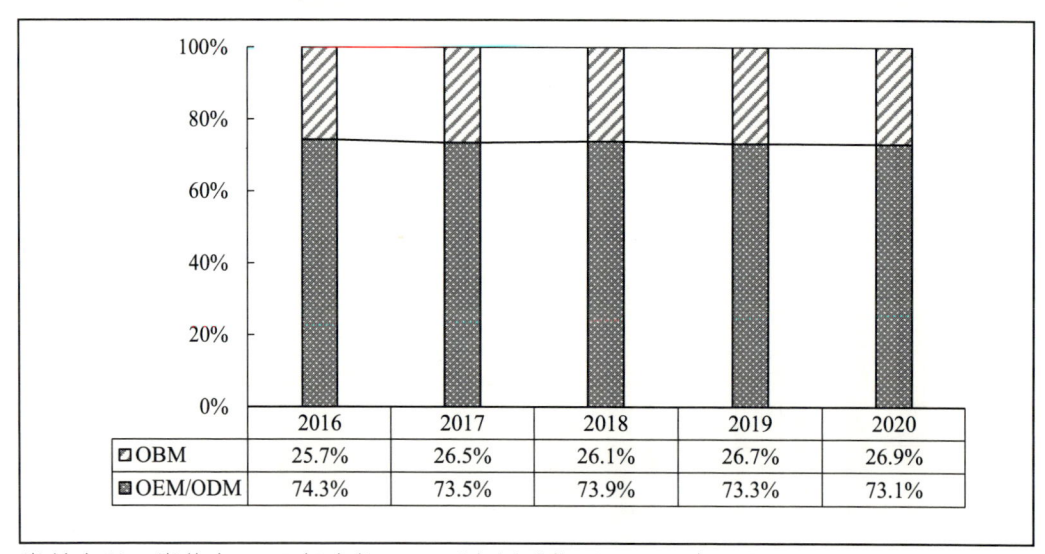

	2016	2017	2018	2019	2020
OBM	25.7%	26.5%	26.1%	26.7%	26.9%
OEM/ODM	74.3%	73.5%	73.9%	73.3%	73.1%

資料來源：資策會 MIC 經濟部 ITIS 研究團隊整理，2021 年 7 月

圖 4-21　2016-2020 年臺灣主機板產業業務型態

（三）出貨地區分析

　　中國大陸為臺灣主機板業者最主要出貨地區，2020 年占比為 30.8%，相較 2019 年表現微幅衰退。亞太地區為第二大的出貨占比，出貨來到 21.8%，主因為東南亞為近年電競市場發展最快的地區，加上該地區消費者為節省花費可能選擇自行組裝桌機，進而帶動主機板市場的需求提升。北美地區為臺灣主機板產業第三大出貨地點，出

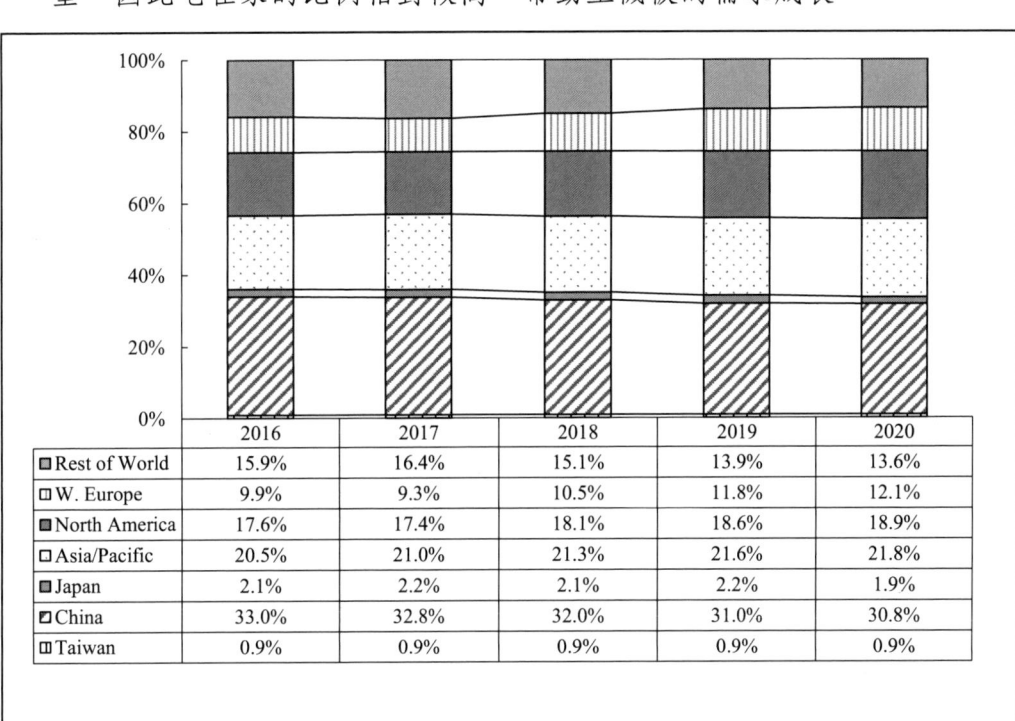

貨來到 18.9%，主因為 COVID-19 疫情影響因素，北美疫情相對嚴重，因此宅在家的比例相對較高，帶動主機板的需求成長。

	2016	2017	2018	2019	2020
Rest of World	15.9%	16.4%	15.1%	13.9%	13.6%
W. Europe	9.9%	9.3%	10.5%	11.8%	12.1%
North America	17.6%	17.4%	18.1%	18.6%	18.9%
Asia/Pacific	20.5%	21.0%	21.3%	21.6%	21.8%
Japan	2.1%	2.2%	2.1%	2.2%	1.9%
China	33.0%	32.8%	32.0%	31.0%	30.8%
Taiwan	0.9%	0.9%	0.9%	0.9%	0.9%

資料來源：資策會 MIC 經濟部 ITIS 研究團隊整理，2021 年 7 月

圖 4-22　2016-2020 年臺灣主機板產業出貨地區別產量比重

（四）產品結構分析

2020 年 COVID-19 疫情影響下，刺激宅經濟需求旺盛，商用桌機需求移轉至包含遠距辦公、線上教學和在家娛樂等家用需求，刺激 AMD 用戶數量增長，其中又以 PC DIY 市場成長顯著，帶動 AMD 市占率來到 26.9%。反觀 Intel 方面，持續停留在 14nm 的製程技術上，雖然說 Intel 處理器有不斷在進行優化，但對手 AMD 處理器架構的不斷更新、提升製程技術與保持性價比的市場認知，致使 Intel 的龍頭市占地位不斷被 AMD 所侵蝕，下滑至 72.1%。

▶ 2021 資訊硬體產業年鑑

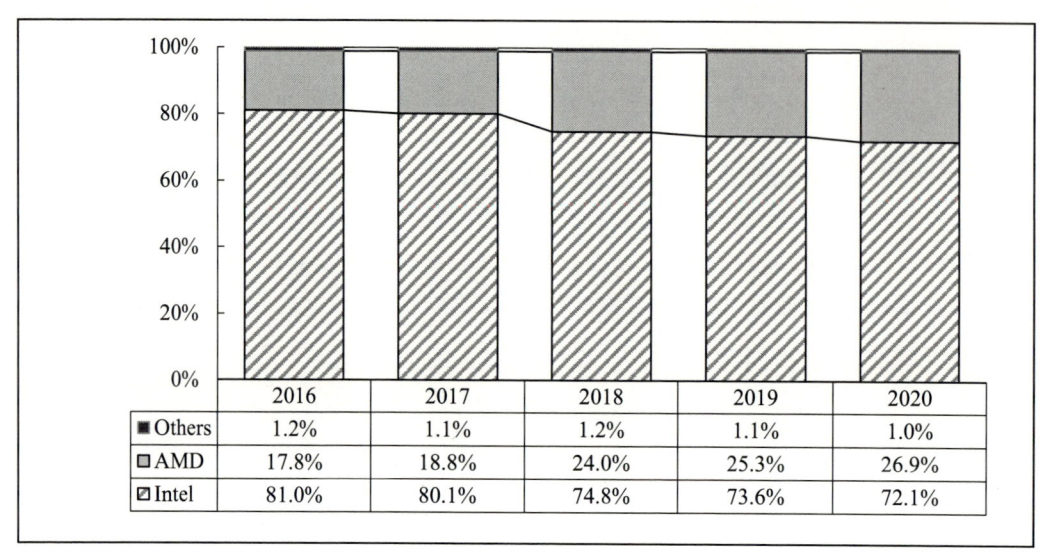

	2016	2017	2018	2019	2020
■Others	1.2%	1.1%	1.2%	1.1%	1.0%
□AMD	17.8%	18.8%	24.0%	25.3%	26.9%
▨Intel	81.0%	80.1%	74.8%	73.6%	72.1%

資料來源：資策會 MIC 經濟部 ITIS 研究團隊整理，2021 年 7 月

圖 4-23　2016-2020 年臺灣主機板產業分析（處理器採用架構）

（五）發展趨勢分析

COVID-19 疫情帶動在家工作、學習、娛樂的宅經濟需求，然而因為 2020 年下半年關鍵零組件供貨嚴重不足，影響主機板業者的出貨進度，致使出貨表現不如預期。首先探討半系統及全系統的主機板部分，由於桌機是以商用市場為主要客群，然而在疫情期間企業辦公室多呈關閉狀態，致使其出貨量衰退嚴重，成為半系統及全系統主機板表現下滑的主要原因。

純主機板部分，宅經濟、宅娛樂需求讓 DIY 市場表現轉趨活絡，帶動純主機板的需求成長。至於電競部分，顯示卡更新是電競市場關注重點，2020 年經歷兩年一次的架構更新，以及配合疫情大家都宅在家的因素，遊戲商亦紛紛推出多款爆紅遊戲大作，對品牌商來說帶有重要影響。

第五章 焦點議題探討

本章焦點議題主要探討資訊硬體產業於 2020 年發展之重要議題，由於整體環境面的改變，造就遠距商機、數位轉型、疫後新常態的興起，資訊硬體產業之發展與時俱進。其次，美中政治角力及 COVID-19 疫情更促使廠商加速產業供應鏈移動的決心。另一方面，在 5G 通訊與 AI 運算逐漸普及，對雲端服務與邊緣運算需求持續攀升，為資訊產業相關業者創造全新商機。

本章將針對資訊硬體產業發展趨勢下之重要議題進行探討，包括人工智慧防疫、疫後新商機、供應鏈變化、雲端服務等新興議題，協助政府與業者掌握未來可能影響資訊硬體產業發展之關鍵因素。

一、從COVID-19防疫看AI身分識別技術商機

2020 年受到 COVID-19 疫情持續升溫的影響，各國政府及民間企業紛紛採取應變措施以防堵疫情持續擴大，並降低其對經濟與社會的可能衝擊。其中，AI 身分識別技術應用可提升即時的防疫效率，彌補人為防疫的可能破口，成為未來疫情防治的關鍵科技。以下分別列舉 AI 身分識別技術在防疫上的兩大應用機會。

（一）應用一：潛在患者足跡追蹤

1. AI 影像監控隨時掌握確診者行蹤

COVID-19 潛伏期長，確診者之後的溯源管理對各國政府皆是一大挑戰。以中國大陸為例，中國大陸政府透過具有 AI 人臉辨識與車牌辨識的「天網」監控系統，可有效掌握確診者及潛在感染者的生活行蹤。倘若有民眾未依規定居家自主隔離滿 14 天即離家外出，將可能被 AI 監控系統發現，即時向警政系統通報與糾舉。

例如，路透社報導指出，中國大陸公安就鎖定一名從杭州出差返家的民眾，透過車牌辨識追蹤他曾到過嚴重的疫區，主動要求他居家

自主隔離 14 天，然而他第 12 天就偷溜出門，隨即被「天網」發現，緊急發出通報給警方與其雇主知曉狀況。

2. 基於低敏個資的「購票實名制」與「手機定位」之替代方案

　　相較 AI 人臉辨識技術可能侵犯民眾隱私的疑慮，政府與民間亦可透過「購票實名制」與「手機定位」獲取特定民眾的足跡。為了避免確診者搭乘大眾運輸工具感染同車乘客，使病毒擴大蔓延，中國大陸的火車「購票實名制」系統可以即時掌握確診者是否搭上了火車，所搭乘的班次、車廂座位以及鄰近其座位的乘客名單等，將提供給防疫單位留意可能接觸確診者的人，同時主動透過手機 APP 提醒這些人可能需要自主健康管理與回報身體狀況。

　　南韓政府衛生部門同樣採取「購票實名制」及信用卡紀錄等措施來掌握確診者的行蹤，甚至在官方保健福祉部網站公布確診者的生活軌跡，例如在什麼時間搭過哪班公車、在哪裡用餐、甚至看電影的影廳座位等，期望透過先進監控手段與資訊公開透明方式，強化公共防疫的決心，以記取 2015 年中東呼吸症候群（MERS）疫情管制失當的教訓。

　　臺灣的交通部臺鐵局則是配合政府防疫措施，實施簡訊實聯制乘車，車站內揭示實聯制乘車 QR Code 供旅客掃描並完成簡訊發送，或可至車站填寫紙本實聯制乘車資料表。另外，因應疫情發展，臺鐵局也在臺灣疫情提升至三級警戒時，針對對號列車停售無座票服務，讓搭乘對號列車旅客於乘車前至窗口購票，或透過網路訂票後至通路取票，或於臺鐵 APP 訂票後取得行動票證乘車，藉此掌握民眾的蹤跡。

　　而擁有大量行動用戶的電信業者也可透過手機定位，分析確診者的移動地圖，讓民眾可以查詢是否曾和確診者接觸過。例如，中國移動提供北京用戶可查詢近 30 天內的行動路徑，若有接觸感染疑慮可自我通報。

3. 以「購買實名制」落實醫療物資公平分配

面對疫情恐慌蔓延、口罩銷售一空的窘境，亞洲國家率先施行「口罩購買實名制」的限購政策，如臺灣藥局配合政策讓民眾刷健保卡驗證購買者身分，以避免部分消費者大量囤購或惡意高價轉售發國難財的不法行為；澳門政府也搭配藥局聯網系統，啟動實名制購買，民眾只要持身分證即可在 10 天內一次購買 10 片口罩；香港屈臣氏亦推出「網路登記實名制口罩輪候系統」，讓民眾憑手機、身分證來做線上實名登錄，會在貨到 7 天內簡訊通知消費者購買日期和地點，免去門市排隊久候不便之苦。

此外，為了降低部分民眾因限購而「買不到」的不滿，部分行動支付廠商如臺灣 Line Pay、街口支付等，皆開始在自己開發的 APP 中附加「口罩地圖」功能，即時更新各藥局的口罩存貨數量，避免民眾白跑一趟，藉此提升 APP 用戶的使用黏著度。

(二) 應用二：戴口罩者人臉辨識

1. 手機解鎖

COVID-19 疫情肆虐，民眾紛紛戴上口罩以降低飛沫傳染，但戴口罩可能的新煩惱就是手機「刷臉」開始卡關，拉下口罩卻又擔心增加感染風險。由於口罩遮蓋臉部面積過大，造成系統難以正確辨識。對此，不少人臉辨識廠商開始研發新技術，著重從眼睛、眉毛等細部特徵分辨臉部數據。例如，曠視透過融資 1 億人民幣，積極開發針對戴口罩者的精確臉部辨識技術。而商湯科技 (Sensetime) 亦宣稱將對其機器學習模型進行優化，即使用戶戴口罩、改變髮型、戴眼鏡、長鬍子等臉部特徵變化，亦仍能成功刷臉過關。

2. 門禁安檢

戴口罩除了影響手機解鎖外，政府與企業的人臉辨識門禁系統亦會受影響。同時為了健康安全考量，企業必須確認員工是否有正確的配戴口罩，避免集體感染風險。對此，騰訊旗下的人工智慧團隊「優圖」推出「口罩辨識」解決方案，其特色是可針對不同的配戴口罩狀態進行辨識，若員工配戴錯誤未將口鼻遮住將發出警告，且該技術在

口罩遮擋臉部時的辨識準確率已逾99.5%，將有助於降低室內空間的相互傳染風險。

（三）結論

COVID-19疫情對全球公衛系統造成重大衝擊，督促各國政府朝向強化防疫效率以防堵疫情擴散，將推動創新科技解決方案之需求，如AI身分識別技術的應用商機。

1. 「購買實名制」確保物資公平分配

此外，「兵馬未動，糧草先行」，在「防疫視同作戰」的今日，如何合宜配給全民防疫物資，如醫用口罩、酒精等，避免搶購缺貨與社會擔憂，亦是穩定民心的關鍵。亞洲國家率先推出「購買實名制」系統來避免有心人士囤貨、確保人人皆有口罩可用。除此之外，透過數位科技節省了大量人力，同時最小化人與人之間的接觸行為，避免第一線因公染疫的可能性。

2. 「口罩人臉辨識」為民眾與企業解痛

疫情也對個人生活帶來衝擊，可減少手部接觸的人臉辨識系統因疫情加劇而受到重視，然而如何突破「口罩辨識障礙」，準確進行身分辨識也成為技術發展關鍵。相關廠商日後勢必加強眼睛、眉毛等細部臉部特徵的人臉辨識技術，並優化機器學習與訓練模型，使人臉辨識技術仍可廣泛適用於社會應對疫情下的各種生活情境，如個人裝置解鎖、行動支付，以及商業門禁安檢等，皆有賴技術突破帶來全新應用商機。

二、後疫情時代的未來生活新常態與因應之道

COVID-19疫情下，為防治病毒的傳播，人們的移動、接觸受到限制，平日與社會互動的關係因而有所改變，如日常生活之工作、學習、購物、娛樂及看病模式等，都不得不運用數位科技來持續運作；而快速蔓延的病毒，更提高了政府、民眾對於健康的重視，該如何打造安心宜居的幸福生活環境，便成為未來社會的重要課題。

第五章　焦點議題探討

　　本文將針對消費端的「零接觸宅科技」、企業端的「精準銷售管理」以及政府端的「韌性智慧城市」分別探討新興潛力智慧應用，並分析其對全球與我國之影響。

(一) 消費端：零接觸宅科技

　　疫情改變人們的生活方式，加速經濟活動數位化，未來實體店家所占的市場消費份額將減少，虛擬通路的重要性則逐步升高，無論食衣住行育樂都能透過網路完成，帶動「宅經濟」的發展。

　　「宅經濟（Stay-at-home Economy）」係指經濟行為透過網際網路的連接，而不再侷限於特定模式或地點。COVID-19疫情之下，政府為了公共衛生安全頒布各項封城、限聚令，民眾也多為了己身健康減少外出頻率，此舉嚴重打擊提供實體服務之商店，增加居家服務需求，因此讓零接觸宅科技更凸顯其重要性。

1. 新興應用

(1) 電商外送

　　電子商務產業尤其受惠疫情影響民眾行為改變而得利，多國在疫情期間頒布禁足令、命令實體商店暫停營業，同時，民眾為了加強防護，也自主減少進出零售商店的頻率，避免群聚、選購他人碰觸過的產品，而這些未滿足的購物需求便轉移至網路商城，讓電子商務需求迅速抬升。根據經濟部統計處數據顯示，2020年上半年臺灣零售業實體銷售額年減4.8%時，網路銷售營收卻逆勢成長17.5%。

　　另一方面，用餐場所人潮眾多且多未配戴口罩，為病毒傳播的一大熱點，因此疫情期間許多國家頒布禁足令限制消費者外出用餐，另有些地區規範餐飲業者減少內用座位或僅提供外帶服務，讓民眾的飲食選擇大幅度地受限，於是「外送平台」便趁勢而起。例如，本土餐飲外送龍頭Foodpanda表示2020年第二季訂單量年成長近7倍，許多過去未使用過外送平台的民眾，都在疫情期間首次嘗試。

（2）OTT 平台

線上影音串流平台（Over-the-top, OTT）也是疫情下的主要受惠產業，在不能進入電影院、不得入場觀看球賽的禁令下，疫情正翻轉消費者原有的觀賞習慣，興起在家隨選看片的風潮，刺激 OTT 平台在防疫期間下訂閱人數、觀看流量大增。例如，OTT 大廠 Netflix 在 2020 年第一季新增了 1,600 萬名新訂閱用戶、同步調降所有影片之預設畫質至 480p，以防止單一時段觀看人數過多導致網路流量超載。

疫情也造就 Podcast 網路廣播隨選平台趁勢崛起。不若 YouTube 視訊頻道需要雙眼專注觀看，Podcast 廣播平台提供在家工作者邊工作、邊聆聽的新選擇。對於廣播主而言，可免去影片後製的繁重工作，可專注觀點的語音分享，更容易吸引「耳朵」鐵粉，也成為廣告主的新喜好。包括 Apple、Spotify 以及臺廠 KKBOX 皆看好 Podcast 的未來市場發展潛力，全力發展網路廣播隨選平台的新業務。

（3）5G 娛樂

隨著 5G 的開台，也為數位娛樂產業帶來新的可能性。5G 能將場邊高速攝影機拍攝的畫面高速傳播、運算、剪輯，輸出畫質更高、觀賞範圍更全面的如臨現場感受，結合 VR、AR 科技可為運動賽事、大型展演、觀光旅遊等帶來革新的在宅娛樂體驗。如韓國 SM 娛樂公司（SM Entertainment）推出線上付費演唱會品牌「Beyond LIVE」，以 AR 擴增實境技術，打造出較實體演唱會更為精緻的舞台效果。

此外，各界看好 5G 雲端遊戲是最具商業投資效益，未來玩家無須耗時進行軟體更新，以往僅能在電競電腦上運轉的遊戲也能被搬進手機。例如，Google、微軟、亞馬遜等科技巨頭，紛紛宣布進軍電玩遊戲的市場。

（4）數位教育

疫情也讓全球陷入停課狀況，如何「停課不停學」成為各國政府與教育機關的重要課題，許多學校開始使用視訊軟體進行線上同步教學，如 Zoom Video、Cisco Webex、Google Hangouts Meet、Microsoft Teams 都成為選項（詳如圖 5-1；自主在家學習也成為趨勢，如全球

線上教育平台 Udemy 表示，在 2020 年 2 月至 3 月間，個人課程註冊量大幅成長 4 倍。

	zoom	Cisco webex	Google Hangouts Meet	Microsoft Teams
舉辦會議者	免費註冊帳號	免費註冊帳號	免費註冊帳號	需Microsoft帳號
參加會議者	連結或會議代碼、免註冊	E-mail邀請、搜尋會議加入、免註冊	E-mail、電話號碼加入	E-mail加入
免費方案	100人．40分鐘（無限次使用）	100人．不限時間	100人．60分鐘（9/30前不限時間）	250人．不限時間
視訊品質	佳	佳	普通	普通
共用螢幕	V	V	V	V
文字聊天室	V	V	V	V
錄製功能	V	V	V	V
遠端控制	V	V		V
電子白板	V	V		V
其他	美顏濾鏡、舉手功能、表情包、美肌、虛擬背景	背景模糊	整合G Suite、會議預約會議通知、無障礙功能	整合Microsoft 365、即時降噪、舉手功能背景模糊

資料來源：資策會 MIC 經濟部 ITIS 研究團隊，2021 年 7 月

圖 5-1　國際視訊直播教學工具

　　數位教育課程擴展了全民接觸新知的管道，專業知識、實用技能、休閒興趣等皆能在教育平台上尋找到相應的課程，帶動「自定義」教育的潮流，未來教室不再是一個限定的空間，學習也不再被年齡、身分圍限，預估數位學習人數將不斷成長。

（5）遠距醫療

　　聯合國估計，2050 年時超過 65 歲的老年人口占比將達 1/6，逾 15 億人，平均壽命亦有逐步增加的態勢。面對全球高速老齡化，醫療資源、醫護人力短缺勢必加劇。而疫情肆虐的 2020 年，更顯醫療體制的不堪負荷，許多高齡慢性病患因疫情影響而不敢進入醫療院所進行例行檢查、領取藥物；居住於養老院的長者，更承擔著嚴峻的感染風險，大規模染疫事件不斷發生。

2020年初COVID-19疫情在全球快速蔓延，直線攀升的確診人數讓各國的醫療院所的負擔加劇，驅使非重症的民眾尋求遠距通訊方式獲取專業醫療諮詢，因而推升全球遠距醫療的使用需求成長。包括美國、加拿大、德國、英國、法國、日本以及中國大陸皆積極開放遠距醫療的政策（詳如圖5-2），帶動國內使用人數成長。其中，全球遠距醫療領導廠商Teladoc Health在2020年第一季總到訪次數達到200萬次，年增92%，營收也年增41%到1.8億美元，成為疫情衝擊下逆勢成長的最佳防疫科技公司典範。

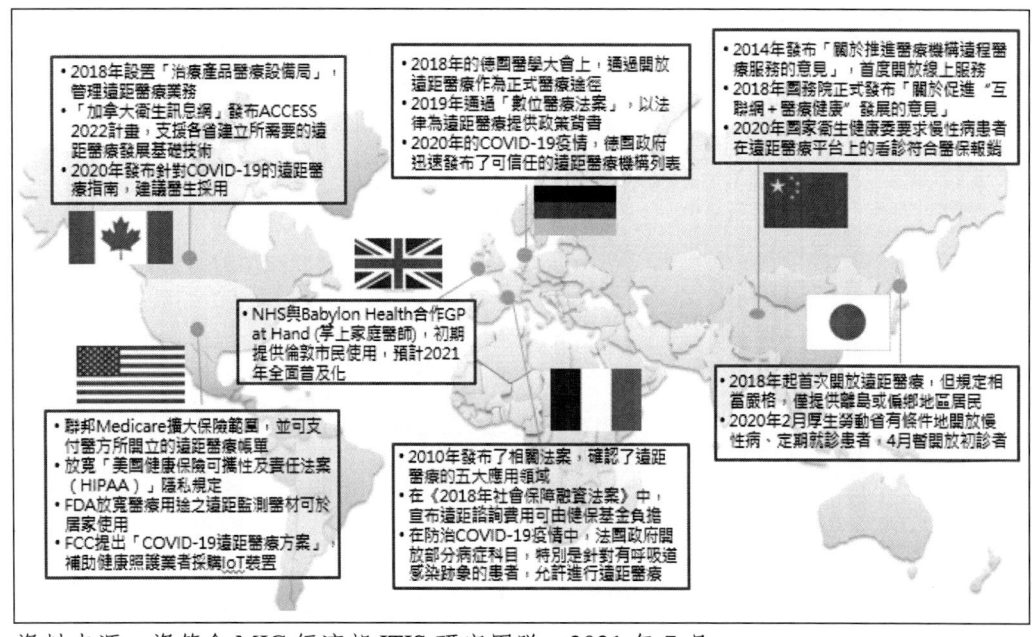

資料來源：資策會MIC經濟部ITIS研究團隊，2021年7月

圖5-2　主要國家遠距醫療推動政策

而COVID-19疫情使高齡慢性病或復健患者不再頻繁進出醫院徒增感染風險，由醫療照護中心提供居家遠距照護科技，如生理監測、活動偵測、遠距復健等，除了定期掌握病人的健康狀況或跌倒意外以及維持復健支持，更有效避免一線醫護人員面對患者的高接觸風險。

疫情期間，為了診斷鑽石公主號上的 12 位以色列乘客是否有染疫風險，以色列 Sheba 醫療中心在隔離病房透過 Tyto Care 遠距量測技術蒐集相關生理數據，即為科技防疫代表案例。

2. 後續影響

（1）對全球影響

對總體而言，疫情下的「宅經濟」為全球帶來消費習慣的轉變，許多過往偏好實體消費的群眾，在疫情驅使下不得不嘗試透過網路取得生活所需，加上宅經濟相關企業在疫情期間快速革新產品與優化服務，諸如快速便利、種類多元等宅經濟之優勢特性，於短期的使用中一覽無遺，從而產生大量良好的消費體驗與用戶黏性。故在疫情後的世界，強烈排斥數位經濟的民眾將減少，以往不敢進場之企業可放下對於消費者心態的顧慮。

同時，宅經濟讓「數位平權」的議題更為重要，當多數經濟活動都被搬上網路，無網路設備或訊號者將被阻隔於市場之外；反之，若各國可有效地落實數位平權，則能拉近城鄉之間的差距，將實際距離的重要性降低，如郊區的學生能透過線上課程獲取相同程度的教育資源、電商外送亦可部分地緩解偏鄉地方實體商店不足的情況，使民眾及時獲得所需物資。

面對人口結構與疾病型態變遷，醫療照護需求日益急迫，國際 ICT 業者紛紛著手併購醫療照護相關業者，例如 Apple、Google、IBM、Microsoft 等，已經推出不少商品及解決方案，也與醫界合作展開臨床應用測試，在業者積極推廣下，導入智慧醫療產品的醫療院所或相關機構數量逐漸增多。

而全球醫療體系也在疫情期間有了嶄新的突破，「遠距醫療」開始進入人們的生活。以往民眾多仍以實體醫療院所為主，視訊醫療者甚少，唯疫情之下，許多人不願進入醫院，醫護人力也不足以應付湧入的人潮，故許多網路醫療平台隨之興起。

（2）對我國影響

「電商外送」的興起讓零售業有效地數位化，一方面讓業者擁有更彈性的商模，如O2O模式下實體商店與線上網店的整合可讓風險分散，擴大運送與選址彈性，不被店租、人力、設備等固定成本限制。唯需留意的是，隨著宅經濟的盛行、數位用戶數遽增，資安、詐騙問題也躍上檯面。例如，2020年6月臺灣電商網站momo便傳出個資外洩事件，將近200人受害，詐騙金額達3千萬元。未來，可預見全球數位經濟比重將持續攀升，但資安防護議題將更顯重要，企業須遵循國內外的資安防治相關法規，對個資與交易安全做出保護。

而「OTT平台」將對臺灣本土有線電視、電影業者造成衝擊。根據NCC統計，2020年第二季有線電視全國總戶數再創新低，較2019年同期少12.8萬戶，年減2.5%。預計即便疫情結束後，消費者一面倒地改註冊串流平台時，大國OTT廠商議價能力大增，臺灣原創作品雖有機會登上國際平台，卻也面臨更競爭的全球影視市場。但OTT風潮也為新進業者帶來機會，如臺廠Myvideo在疫情期間新註冊用戶成長20%，並大舉投資拍攝原創作品，如《做工的人》、《誰是被害者》等，試圖提供觀眾差異化的特色節目選擇。

而「5G娛樂」在高寬頻、大連結、低延遲的第五代行動通訊技術普及發展下，將具有更多的創新娛樂服務機會，如運動賽事、大型展演、雲端遊戲等，並帶動VR／AR、體感科技、數位內容、線上遊戲產業蓬勃發展。在商業模式尚未確立時，文化部、科技部及經濟部等各部會應加強合作、推動示範計畫，協助臺灣廠商迎合世界商機。

「數位教育」帶動多元學習，網路教學內容大量出現，平台應注意其教育性與正確性，政府亦應輔以法規規範。而習慣於實體教學的教育機關，在疫情下也顯示出對於網路教學的不適應，教學品質與互動性都顯著下降，未來應開設相關課程輔助教育轉型，協助教師調整教材與備課方式，增益數位教學質量。

最後，「遠距醫療」方面，2018年5月衛生福利部公布新版「通訊診察治療辦法」，開始建立醫療照護資訊科相關規範，居住於山地、離島及偏僻地區的特定病人可合法遠距診療，希望降低醫療成本消

耗、提升民眾就醫便利性。隨著辦法的推動，業者的產品也可合法上路，若未來放寬適用場域，更能促進未來醫療科技產業的發展。

（二）企業端：精準銷售管理

疫情期間消費者的決策模式相較以往也有所改變，若企業欲理解消費者的心態，需革新過去習慣的定價、預測模式，借助 AI、IoT 數位科技優化已身「銷產購」策略，朝向「精準銷售管理」之智慧零售業發展。

過去，企業多著力於蒐集歷史銷售資料，試圖找出熱銷商品、淡旺季、區域差異等隱含訊息，用以推估未來消費者需求。唯消費者心態並非固定不變，過去所蒐集的大數據不一定能代表未來趨勢，生成的預測不但有可能讓企業遺漏新興崛起的消費區域，更有可能因僵固的預期，導致產能跟不上實際市場需求而被淘汰。

2020 年突發的 COVID-19 疫情，特別凸顯出歷史大數據預測系統的缺陷。在廠商既有的預測模型中，無法預知疫情的發生與蔓延，即使明白了病毒的威力，仍然無法系統化地管理庫存、開發新服務以迎合消費者的需要。如消費品製造業與服務業多以季節性需求加以定價，此浮動定價模式在疫情下卻不再適用，導致消費量大減。

1. 新興應用

疫情之下可以發現在供給端的兩種重大轉變，分別為「定價」與「生產」：

AIoT 即時需求預測——首先，企業嘗試改變定價模式，採用可以即時預測需求的數據，而不僅侷限於過往行業內部資訊，如搜尋引擎與社群媒體關鍵字、即時搓價系統等都是可能列入定價考量的元素；並導入 AI、IoT 技術，從每個行銷接觸點獲取數據，再行透過人工智慧訓練系統，理解每位消費者即時且客製化的需求面貌，達成動態定價機制。

尤其，2020 年的 COVID-19 疫情對於運輸旅遊服務業者衝擊極深，AIoT 即時需求預測系統顯得格外重要，決策因子更應無縫串接

各國的疫情管制狀態，以進行班次調度決策，包含機動增加需求恐急的貨運班次與合理動態定價策略。目前，陸海空運輸產業已採行此方式，唯系統尚未完善，仍待納入更多考量因子，構建更合理精確的模型。未來可以預見即時需求資訊的重要性將逐漸提升，帶動 AI、IoT 相關工具的需求與應用商機。

SKU 組合最佳化－對生產端而言，商品銷售據點數位化後，消費者理解產品的管道多以網路為主，過多的產品組合常讓消費者產生資訊超載（Consumer Psychology Information Overload）、決策疲勞的狀態。「Less is more」的概念因應而生，許多廠商展開「最小存貨單位（Stock Keeping Unit, SKU）」合理化的行動，縮減產品線、僅集中生產熱銷商品，減少庫存與包裝成本，提升銷售率與營業利潤率。

例如，Coca Cola 在疫情期間營收大幅衰退，集團考慮裁減一半殭屍品牌（Zombie Brands）、約 200 餘個，重新專注核心品牌產品的營運；而生產 OREO 與 Ritz 的零食大廠 Mondelez 也縮減 25%商品品項，簡化製作流程；通用磨坊也精簡一半的濃湯產品，壓低庫存和包裝成本。上述案例顯示，疫情對於傳統零售供應鏈管理帶來巨大的挑戰，也催生 SKU 組合最佳化的「極簡消費主義」重返市場主流。

2. 後續影響

（1）對全球影響

未來，消費者在實體通路、線上網站所留下的數位足跡，包含瀏覽網站、社群媒體、個人行動裝置等接觸點，甚至實體店面的數位看板、監視器、人流軌跡等 AIoT 紀錄，都將成為廠商決策的關鍵因素，有效地增加對客戶的理解、並帶動體驗優化，完善產品進銷存的市場策略。

另一方面，過往的零售商家未能有效運用數據，然而，數位化的過程中，每一筆庫存、銷售資訊、售後反饋等均擁有詳實記錄，有利於店家服務最佳化，更刺激單一零售領域的管理顧問行業興起。此「精準銷售模式」讓企業脫離過去歷史數據的限制，將更多即時變因

加入考量，讓商業分析、軟體大廠都成為此趨勢下的受惠者，而中小型資訊、管顧業者亦可發展專一領域別之特殊應用。

而「極簡消費主義」反其道而行，原有供應商可改善既有的營運模式，建立垂直特色商品店家或網站，精挑細選高 CP 值的產品組合，減少消費者選擇障礙與提升購買動機，促進高銷售率的 SKU 正向循環。在面對全球傳染病或其它災害風險下，企業可以有效控管供應鏈風險，滿足消費者需求，並追求穩定合理的利潤，符合股東期待。

（2）對我國影響

過去跨國產業供應鏈強調「全球化分工」、「零庫存生產」、的企業經營效率，如今在 COVID-19 疫情衝擊下，短期內我國企業將省思風險規避的必要性，不再一昧追求利潤，建立足量的安全庫存與區域化短鏈生產將是新增考量。

雖然「多樣少量客製化生產」是工業 4.0 趨勢下的製造業發展目標，但前提是上下游供應鏈皆有強大的貿易韌性，否則仍需確保主力產品供貨無虞、保有安全現金流量，讓企業安身渡過如 COVID-19 疫情這般史詩級的全球黑天鵝事件。

（三）政府端：韌性智慧城市

疫情之下，能夠擁有終生安居的生活空間成為民眾首要的需求。人們更期望所居住的城市具備保護居民的能力、面對衝擊的承受力，不因為外界的變動而威脅到生活品質。

根據聯合國《World Urbanization Prospects（2018）》研究指出（詳如表 5-1），預計 2030 年會有 51.6 億人口集中於市區，全球都市化程度逾 60%；其中，人口超過 1,000 萬人的巨型城市（Megacity）將增加至 43 座，共有 7.5 億人居住其中，約占全球人口 8.8%。這般擁擠的活動空間讓人們的生活品質遭受挑戰，而貧富不均、城鄉資源與建設差距也更容易造成社會階級對立的問題。

表 5-1　全球都市化程度

年份	2018 年	2030 年
全球都市人口數	42.2 億人	51.6 億人
全球都市化程度	55.3%	60.4%
巨型城市數量（人口超過 1 千萬人）	33 座	43 座
巨型城市人口數	5.3 億人	7.5 億人
巨型城市人口占比	6.9%	8.8%

資料來源：資策會 MIC 經濟部 ITIS 研究團隊整理，2021 年 7 月

　　COVID-19 疫情的出現，更讓城市問題加倍地凸顯，在都會區，大量人口集中居住，卻沒有足夠的醫療資源、也難以長期保持安全的 1.5 公尺社交距離；同時，尚未被檢驗出的病毒帶原者在城市間來回穿梭，政府與醫療院所卻難以追蹤行動軌跡以保護、隔離接觸者，致使疫情不斷蔓延。

　　因此，全球政府擴大投入，希望加速構建「韌性智慧城市」，在面對不確定衝擊，如天災、傳染病、經濟大蕭條、恐怖攻擊時，仍能保有忍耐力與回復力，將可能的負面影響降至最小，並讓城市能夠在極短的時間內恢復正軌。其中，強健的「信任公衛體系」與萬物互聯的「智慧聯網生活」是全球的努力方向，以下將分別詳述。

1. 新興應用

（1）信任公衛體系

　　此次疫情讓全球看見公共衛生體系的許多破口，包含防疫管理、疫情資訊平台、確診者足跡追蹤、病毒檢測等相關產業，都成為重點發展項目。

　　針對防疫管理，多國政府在公共場域、交通運輸系統大規模裝設面部辨識與溫度感測系統，以識別可疑病例。例如，曠視科技（Megvii）

在北京地鐵站推行 AI 人臉體溫量測系統,通過紅外線熱感應相機偵測人群中的體溫,一旦有異常者會自動發出警報,並立刻鎖定發燒者的人臉與身分。

此外,由政府或具公信力的廠商所開發之疫情資訊平台,能有效地消除網路上流竄的假新聞,讓民眾擁有直接的管道獲取第一手消息,而當民眾對資訊的掌控度越高,便能夠消弭因不確定而造成的恐慌感。

由於 COVID-19 潛伏期長,確診者之後的溯源管理對各國政府皆是一大挑戰。南韓政府衛生部門採取「購票實名制」及信用卡紀錄等措施來掌握確診者的行蹤,甚至在官方保健福祉部網站公布確診者的生活軌跡。臺灣線上社群「g0v」亦開發了「COVID-19 歷史軌跡比對」網站,讓一般民眾借助 Google Map 的歷史定位紀錄,比對是否曾在特定時間區間內,和確診病患疑似在同一個地點接觸過。

而病毒檢測方面,各國也致力於加快檢測速度、增加單日檢驗能量與準確率,以利控管病毒散佈。如韓國普篩時期,獨創「安全檢測亭」,由透明壓克力板組成並裝設負壓、消毒設備,採樣全程不超過 10 分鐘;中國大陸支付寶 APP 提供線上「新冠核酸檢測」預約服務,讓民眾下單與到指定地點進行檢測,24 小時內即可獲取電子報告;美國也在 2020 年 9 月創下單日篩檢突破 100 萬人的紀錄,唯採驗結果仍需等上約 2 週。

(2)智慧聯網生活

「智慧聯網」是 Internet of Intelligence 的象徵,意謂城市內所有的物件皆搭載各式環境感測器、具備通訊連網能力,將蒐集的數據上傳至邊緣設備或雲端平台進行分析,作為後續應用服務的自主決策依據,讓城市彷彿像是擁有人工智慧的超級電腦,提供民眾高品質的智慧生活情境。而 COVID-19 對於整個城市運作勢必造成影響,必須透過散布城市各個角落的 AIoT 系統之感知、互連、運算、分析及智慧決策,將各個生活領域的衝擊降至最低,提升城市的韌性力與迅速回復正常運作。以下分別舉例:

COVID-19 推升實體零售通路加速數位轉型的進程，包括免找零、紙鈔零接觸的行動支付也在疫情期間大放異彩，加速無現金社會的實現；而餐廳增設自助點餐系統、訂位候位系統，減少排隊久候人潮，維持安全社交距離，如麥當勞、肯德雞等連鎖速食店；商店加速O2O 虛實通路整合，提供彈性方便的網購跨店取貨服務，如誠品書店正強化全通路策略。

另一方面，觀光商務飯店也朝向自助報到流程、增加機器人提行李和送餐服務，如臺中逢甲鵲絲窩客旅店（Chase Walker Hotel），讓客人透過線上點餐後，餐點交由送餐機器人、自主導航搭乘電梯直接運送至客房門口，客人全程完全不需與店員接觸。

資料來源：資策會 MIC 經濟部 ITIS 研究團隊，2021 年 7 月

圖 5-3　Chase Walker Hotel 無人旅館

智慧安全可用於打擊犯罪與危險示警，最常運用的技術為影像監控，並可結合空中的無人機擴大巡邏範圍，糾舉行為不當的民眾。例如，中國大陸採用「防疫無人機」，透過影像識別未戴口罩或有群

眾聚集的違規情事，再透過無人機上的廣播器，警示高風險區域內未戴口罩的路人趕緊返家，或驅離街上打牌民眾解散、減少群聚接觸感染的風險。而中國大陸的「天網」監控系統，具備 AI 人臉辨識、車牌辨識功能，可有效掌握確診者及潛在感染者的生活行蹤。倘若有民眾未依規定居家自主隔離滿 14 天即離家外出，將可能被 AI 監控系統發現，即時向警政系統通報與糾舉。

此外，疫情對於全球交通產業帶來巨大的衝擊，尤其航空運輸產業影響為最，因民眾無法出國渡假、公司減少不必要的商務行程，使航空業無限期取消航班，營運難以無繼，只能依靠政府大力紓困。然疫情期間「遠距上班」大行其道，讓「視訊軟體」成為最佳防疫科技，美國新創 Zoom Video 因此爆紅，2020 年市值從年初不到 200 億美元大幅衝上 1,500 億美元新高，遠比北美四大航空公司總市值高出快 2 倍。同時，傳統車廠、飛機業者也積極籌劃無人計程車、無人飛行車的商業營運，以降低人與人的接觸風險，例如豐田、現代、波音以及空中巴士等，放眼後疫情的智慧移動商機。

2. 後續影響

（1）對全球影響

COVID-19 持續在全球肆虐，許多國家政府使用技術來加強公共衛生監督，阻止病毒傳播。而多數人亦認同隱私和行動自由的暫時限制對於保護民眾的健康和安全是必要的。但接下來大家關心的是，當危機解除，我們如何限制相關數據和工具的使用和濫用。

疫情同時也促進人們對於災害的反思，從人類過去的歷史來看，2020 年大規模病毒的傳播，已然超出聯合國、世界衛生組織所預估，更讓人們瞭解到災害所潛藏的「不可預知性」。更重要的是：「如何在災害發生之時，讓人們與社會經濟體系可以最快的時間恢復與適應」。因此，打造韌性智慧城市是世界各國與組織的共同目標，藉由強化關鍵基礎建設與資訊安全防護，讓城市在災害來臨時營運不中斷或者快速恢復。

（2）對我國影響

觀察我國此次在COVID-19的抗疫狀況，雖然在2021年5月時疫情突然出現急遽的升溫，不過在7月時已經逐漸恢復到5月宣布三級警戒前的水準，防疫成效在國際表現是有目共睹的，我國政府在疫情期間除了祭出14天居家隔離與檢疫的公共防疫政策，並結合ICT數位科技有效管控疑似病患與確診者的行蹤，降低疫情大幅擴散的風險。另外，亦率先於全球啟動全國口罩總量管制政策，並且與國內主要通路合作，運用健保卡數據合宜配銷口罩數量，以減少民怨、不當囤貨之亂象，確保民眾安心。

預期未來我國仍將朝向建構韌性城市之發展，透過ICT科技提升城市應變力與回復力，以防備極端氣候、非典型傳染疾病、戰爭等危及國家安全之重大風險，降低經濟損失與社會動盪，營造安心健康的智慧生活環境。

（四）結論

1. 疫情重新定義社會連帶關係，催生零接觸宅經濟

居家防疫的政策之下，人與人的距離被迫拉大，減少了許多與社會實體互動的機會，衍生而出的問題包含：無法滿足社交需求、無法獲取生活資源、無法使用公眾服務等。

於是，新興的科技服務力求創新，以協助將社會中實體、固定式的資源透過網路遞送至家戶中，如「虛擬社交」讓人不用出門也能與親朋好友面對面互動、「電商外送」將民生日用品與美食餐點送至民眾家中、「遠距醫療」讓居家病患亦可以獲得即時的醫療諮詢服務、「數位教育」讓各年齡層的學習者上課不中斷等，催生新常態的零接觸服務商機。

2. 整備我國數位基礎建設，協助服務業提升數位力

疫情已加速全球「宅經濟」蓬勃發展，使虛擬互動與線上交易成為消費模式新常態，考驗各類零售供應商的數位化服務能力。尤其在防疫期間，民眾更傾向在家中下單與等候外送貨品與餐點，除了大型

連鎖店的廠商可以快速調整營運策略跟上市場需求，傳統小型店家則面臨不得不改變的生存壓力，但數位科技並非其所擅長，亟需政府輔導與協助數位轉型。

首先，建議政府加大投資數位建設，例如無線寬頻網路、多元行動支付、校園數位教育等數位基礎設施，讓業者與民眾皆能便利無礙地取得即時的線上資源，加速無紙化流程，完成零距離的創新應用服務。其次，針對不同的行業屬性，政府應提供平台工具輔導個別產業發展具特色的虛實整合服務，以優化客戶的數位使用體驗與增加黏著度。

3. 疫情強化智慧城市治理，帶動韌性科技應用商機

封城、停工等防疫禁令嚴重衝擊城市正常運作，涵蓋政府部門服務，以及企業採購、生產及銷售活動環節，導致重要物資庫存不足（如口罩）、民生服務中斷等，考驗城市應對重大危機的治理能力。

對此，疫情後各國政府更將重視城市的回復速度，積極運作韌性科技緩解各種災害的衝擊。例如，建立「智慧城市平台」整合各區域監測資訊，如疫情、天災、環境污染等即時數據與預測分析，協助指揮官進行最佳化決策。同時，強化關鍵數位基礎設施的防護，如電信、能源、金融、交通、供水及防救災系統，避免萬物連網後產生的資安漏洞風險，確保營運持續性與服務可靠性。

4. 政府帶頭打造韌性城市，落實國際永續發展目標

遠眺未來的世界，將面臨人口老化趨勢與氣候變遷的挑戰。對此，聯合國倡議17項「永續發展目標（SDGs）」，作為2030年國際共同努力的方向，期待各國政府能做好城市永續管理，緩解負面的社會與環境衝擊。而臺灣在2020年對抗COVID-19的國際防疫表現有目共睹，證明「Taiwan Can Help」的實力，未來亦能透過參與世界城市論壇發揮影響力。

建議各級政府重視「永續發展」議題，積極參與國際「地方自願檢視報告（Voluntary Local Review, VLR）」，公開所有永續相關政策

的壯況與目標，帶頭建立韌性城市示範，推廣SDGs的理念深植於社會DNA之中，從自身做起推動世界改變。

三、疫情對於「生產營運」帶來的影響與變化

　　COVID-19疫情爆發後，各國政府祭出社交距離、封城、工廠停工令等防疫手段，許多企業與機構也配合執行在家工作、禁止海外出差等應變措施。突如其來的「禁足令」挑戰製造業的運作彈性，其中，高度仰賴國際供應鏈分工、零組件種類相對多的次產業，如：資訊電子產業，受衝擊程度可想而知。部分上、下游工廠輪流無預警地停工，以及遠距協作開發產品難度過高等問題，導致生產營運效率受到影響，加上疫情何時可止息幾乎無法預測，讓製造業者被迫面對「成本」與「彈性」的取捨難題。

（一）疫情期間「生產營運」產生的改變

1. 小而美的在地供應鏈、區域型供應鏈因應而生

　　COVID-19起於中國大陸武漢，接著迅速擴散至各國，導致全球製造與供應鏈一個個被迫暫停運作，物流效率亦不如以往；不僅導致一般產品的出貨不順或無法出貨，連關鍵抗疫醫療物資也無法有效率地供給及運送至各國，這對於欠缺當地生產線與相關技術的開發中國家而言更是重大危機。國際供應鏈的停擺或斷鏈，突顯在地供應鏈、區域型供應鏈存在的必要性。當國際供應鏈無法正常運作時，小而美的在地供應鏈可即時「接手」，支援最低限度的國際訂單生產規模，或因應當地市場的緊急需求。

2. 個別供應鏈調整、跨供應鏈相互支援

　　在未來高度不確定性的企業營運環境下，「適應供應鏈新常態」成為製造業領導階層接下來的重要課題。過去在「太平盛世」時，製造業的各個次產業供應鏈大多各自運作，有自己的生產系統與物流系統，但疫情爆發後發現，行之有年的運作體系事實上應變能力不足。傳統運作模式的脆弱點暴露後，可望能促使供應鏈主導廠商引領關聯業者導入前瞻科技，以優化傳統供應鏈運作效率並提升風險管

理成效。此外，疫情後消費者行為與市場需求產生變化，預期對於國際供應鏈的調整計畫也會有推波助瀾的效果；而為了確保因應疫後市場需求，跨供應鏈的支援亦勢在必行。

3. 企業強化人力資源「彈性管理能力」

為避免集體群聚感染，許多企業在 COVID-19 爆發後啟動「在家工作模式」，Google、Facebook、Amazon 等科技大廠更是陸續宣布延後回辦公室上班的消息，而部分企業如 Facebook、Twitter、Shopify 等甚至表態，將考慮把「員工永久在家工作」列入選項。

遠距上班可跨越空間限制，有助落實工作型態改革，這波疫情讓許多員工被迫遠距工作、協作，但也因此才發現此工作模式的可行性與好處。例如：線上工作模式一旦成常態，有助形成「全球各地專家齊聚，進行腦力激盪」之機制；此外，遠距上班模式下，員工的線上活動相關數據亦可持續累積，有利後續分析。

當然，部分互動活動目前仍難以無痛轉至線上進行，如：議價、談判等特定目的之會議，與會者需掌握互動氣氛、節奏及微妙的語意等，當前的線上視訊會議軟體尚無法完全滿足使用者需求；此外，當在線上展示新產品時，效果也常會打折扣，這就需要仰賴更前瞻的互動科技，如：混合實鏡技術，才可望有所突破。

(二) 後疫情下「生產營運」的情境與新樣貌

基於上述，顯然傳統的供應鏈運作模式、企業營運模式皆面臨到不同程度的變化；當中，部分轉變會在疫情平息後恢復以往，但也會有部分作法將變成所謂的「新常態」。

1. 國際供應鏈分工仍是主流模式，但備選貨源增加

疫情的蔓延迫使各國開始檢討，行之有年的國際供應鏈分工模式是否過度仰賴中國大陸；另外，跨國生產體制及供應鏈的脆弱性，在此次疫情中也顯露無遺，是否有補強的必要性等。為避免憾事重演，並確保能在非常時期維持一定程度的製造生產能力，業界開始考量是否應「鞏固國內供應鏈」、「分散零組件來源」。不過，考量大舉

遷移供應鏈成本高昂，因此多數企業仍傾向在疫情平息後，回歸國際供應鏈分工模式，但會小幅調整生產線地點配置，以提升應變彈性。

較確定的是，多數廠商皆會策略性地增加供應商來源，而且也會更嚴謹地篩選供應商，尤其是廠商應變能力、誠信等軟性價值（非一昧比價）。倘若未來疫情不幸捲土重來，才可確保有「靠得住」的選貨源可支應。簡言之，未來國際供應鏈分工模式雖仍將是首選，但業者將重新檢視並精進供應鏈管理方式，以提升效率並確保有足夠的應變能力以因應未來的突發狀況。

2. 企業加快數位化腳步，或著手規劃數位轉型

若要說 COVID-19 對企業有任何貢獻，應可間接歸納「促進企業數位化」或觸發「企業數位轉型」是其帶來的正向效果。這波疫情讓不少企業意識到既有供應鏈的運作與管理方式，事實上存在不小的進步空間，尤其至今為數不少的中小型製造商，甚至還是用「純人工」方式記錄和管理供應商，以致於疫情爆發後難以有效應變，而當長期合作的工廠無預警停工時，也無法在短時間內找到可替補的救火隊。

傳統供應鏈運作模式在正常狀況下可行，一旦突發狀況發生時，數位化程度低的廠商便立刻陷入窘境。尤其像 COVID-19 這樣的天災，結束時間無法預期，意味著廠商在沒有合適的數位工具支援下，只能乾等待與著急。

眼見事態嚴重，不少業者在疫情期間開始思考數位化、企業數位轉型的必要性，可望激發產品或企業作業流程數位化之需求，並為下階段的「數位轉型」計畫暖身，最終達到供應鏈管理自動化、透明化、效率化之目標。

3. 員工恢復到班工作，但「在家工作」成彈性備選

為了避免群聚感染，許多企業在疫情擴散後切換成在家工作（或採分批到班）模式。為滿足遠距工作與互動需求，企業開始加重仰賴數位工具，如：線上會議軟體、手機通訊軟體、線上教育訓練平台、AR 會議與研發協作方案等，以維持最大限度的正常運作。

這個從天而降的「演練機會」，讓不少企業不得不開始研究遠距工作下的各種情境與問題，探討面向包括使用系統、使用人員、使用場所及無紙化可行性等，以篩選出適合的IT工具，來對應適合的作業情境。雖然不少企業被「趕鴨子上架」，但後來卻也發現「原來高比例的員工在家工作，竟然也是可行的」；這些IT工具、系統在通過壓力測試後，也變成了遠距工作系統導入計畫的第一步。

未來企業可望進一步訂定更完善的解決方案、研擬導入的優先順序，除了確定系統可有效協助員工提升生產力、突破遠距協作與洽談業務的不便之處，同時也要能方便主管掌握員工居家上班狀況等。最終，建構出一個以「員工」為中心，而非「場所」為中心的遠距工作環境。

以日本富士通為例，該公司已預計在2023年3月前將現有辦公空間面積縮減50%，刪除原有通勤交通費用津貼，改為提供每月5,000日圓補貼在家上班衍生之通訊費及電費等。此外，亦將提供工作用的手機或採用BYOD（Bring Your Own Device）方式。至於交通費用，則將採實報實銷方式。富士通原有的辦公空間將調整為「Hub Office」、「Satellite Office」型態，採行動辦公室模式，意即員工不再有固定辦公座位。此外，辦公室也打散至各地，並可跟員工居家辦公環境連結（稱為「Home & Shared Office」模式），以因應後疫情時代的工作生活型態。

（三）後疫情下「生產營運」關鍵議題

1. 在地供應鏈於「非常時期」巧妙支應國際供應鏈

無預警的「天災人禍」向來是國際供應鏈管理上最大的挑戰，考驗著業者的應變能力與供應鏈韌性。近年製造業供應鏈事實上碰過多次天災人禍，單就資訊電子供應鏈來說，就碰到過泰國水災、日本地震／核災、工廠火災、中美貿易戰，以及這次的COVID-19疫情。但是，疫情的爆發跟其他天災人禍不同之處是，第一、復原時間無從預測；第二、看不到「敵人」在哪裡，導致應變對策難訂；而根據經驗，供應鏈受到疫情攻擊的頻率通常十幾年才一次，因此，是否有必

要為此立刻大舉搬動既有供應鏈的問題仍有待商榷。反觀,中美貿易戰下將產生的成本明確,對於供應鏈的遷移計畫,影響力更大。

綜合考量中美貿易戰下的關稅議題、供應鏈移動成本問題,以及天災人禍發生的頻率等,預期疫情平息後,製造業供應鏈還是主要仰賴專業國際分工模式,以確保保有成本競爭力;而在地供應鏈的角色,則是在「非常時期」時化身救火隊,迅速銜接生產任務,以確保能維持最低限度的生產功能,或至少可供應當地市場需求。透過國際供應鏈與在地供應鏈的新協作模式,以達提升應變與防禦能力之目的,同時維持成本競爭優勢。

2. 企業營運「韌度」成共識,「數位化深度」為前提

COVID-19疫情間接促進企業數位化、數位轉型的共識,在工作型態被迫瞬間改變之時,許多企業不得不重新檢視傳統工作模式,並著手研擬更能快速因應環境變化的業務執行方式、人力運用策略,以及更有彈性的工作型態等。以工作型態而言,Facebook 就考慮允許部分現職員工申請永久性的遠端工作,Twitter 也開放讓「回不去辦公室」的員工,可永遠在家辦公。而本來就推崇行動辦公室模式的 Microsoft,同樣也鼓勵多數員工採用遠距工作模式。

然而,要想把員工的任務、協作與溝通等所有活動都無縫地轉到線上進行,事實上並非易事。基本前提是要有充足的網路運算資源及對應的數位工具,否則恐怕會犧牲原有的工作效率。以線上溝通與協作為例,雖然視訊軟體會議可供團隊溝通一般性的事務,但當碰到像是產品協作研發、工作細節指導等較細緻的環節時,便時常發生「一方解釋的很辛苦,一方聽得很痛苦」的狀況;更不用說像「商業談判」或是「新品概念展示」這些「必須緊密觀察對方微表情」的溝通情境。換言之,企業勢必要另外導入更適用的科技工具才行,如:擴增實境、混合實境、數位雙生等前瞻技術方案。

新技術的採用會產生額外成本,但一旦建立好彈性創新的新工作型態、打破傳統場所與時間限制,也會帶來附加好處;舉凡「企業可擴大吸納國際人才」、「快速召集各地國際專家,在線上激盪火花」

等。此外，當企業具備高度數位能力，當然也就更能在面臨天災人禍時，快速地止血與復原，成為企業維持長久競爭力的基礎。

3. 線下營運活動往線上搬，企業資安議題將更受重視

疫情發生後，企業內／外部會議、產品研發協作活動、新品展示與銷售活動、客戶拜訪等業務陸續轉成線上模式，線上作業無疑有助企業維持運作，但卻也會讓企業面臨更高的資訊安全風險。根據一項對 400 多位 IT 及資安專家的調查結果，其中高達 95% 的受訪者表示他們面臨更多的資訊安全挑戰，尤其是要確保在家工作的員工可安全地遠距存取企業內部資料。

面對攀升的資安風險，資源較多的大型企業還可透過跟國際資安業者協作克服，但為數眾多的中小企業者，恐怕就會被迫暴露在風險之中。員工在家工作時，所處的資訊安全防護環境相對薄弱，受到網路威脅或攻擊事件的機率將變高。根據統計，2020 年 2~3 月之間，光是涉及惡意軟體和網路釣魚惡意域名註冊的數量，便暴增近 6 倍。

未來，遠距上班可能會變成大眾的工作模式之一，為了提升應有營運生產效率，需仰賴政府和企業一起努力，政府除應鼓勵企業提升數位能力之外，也要同步打造更高速、安全與穩定的網路通訊基礎環境，以迎接後 COVID-19 時代的到來。此外，面對大眾線上互動活動暴增之新常態，或許也可評估建立「本土雲端視訊會議解決方案」的可能性，一方面可強化資安保護，同時也可望降低使用成本（註：根據日本第一生命研究所推估，以 28% 全職員工採用遠端辦公來計算，日本 2020 年因改採線上會議而增加的成本約 1.3 兆日圓，相當於 3,700 億元新臺幣）。

（四）結論

許多企業的生產營運因為 COVID-19 疫情受到牽連，包含高度仰賴國際供應鏈分工且零組件種類相對多的資訊電子產業，衝擊程度相對為高。有鑑於此，為緩解疫情對生產營運的影響，提出企業所做出的三大改變面相，包含區域化供應鏈布局、跨供應鏈的相互支援、加強企業彈性管理能力。藉由彈性布局的策略，除了可以重新檢

視生產營運是否過於集中某區域的問題,也可藉此加強對全球政經局勢突發事件的應變能力,採取可分散風險的措施。

後疫情下生產營運改為國際供應鏈分工模式為主,其中,企業在數位化程度的重要性,是這波疫情之下讓不少企業意識到的議題。企業在疫情期間因為沒有合適的數位工具支援,導致公司運作受到限制,包含網路運算資源不足、線上溝通與協作工具不適用等。新型態的工作模式激發了企業對作業流程數位化的升級,並訂定相關的數位轉型計畫,以達到供應鏈管理自主、透明且效率化的目標。

另一方面,企業資安議題也是在這波疫情發生後不斷被拋出來放大檢視的問題。過去線下的營運活動往線上搬的同時,資訊安全防護環境相對變得薄弱,受到網路攻擊的機率亦將變高。因此,為因應未來遠距上班變成一種新型態的工作模式之一,如何強化資安防護,除了企業提升數位能力之外,亦須仰賴政府與企業一起努力,同步創造更佳的網路環境,以迎接接下來的後疫情時代到來。

四、雲端服務供應商於邊緣運算晶片布局策略分析

(一)雲端與邊緣運算技術發展背景與競合

1. 邊緣運算相關的技術發展與背景

回顧邊緣運算(Edge Computing)相關研究,如以電機電子工程師學會(Institute of Electrical and Electronics Engineers, IEEE)學術文獻資料庫 IEEE Xplore 的研究文獻發表來看,最早可以回溯到加拿大麥吉爾大學電腦科學學院為主的研究者在 2007 年發表的〈藉由資料庫複寫機制增強邊緣運算〉(Enhancing Edge Computing with Database Replication)。然而 2007 至 2013 年間,僅有少數的文獻被發表。一直要到 2014 年歐洲電信標準協會(European Telecommunications Standards Institute, ETSI)、2015 年由 Cisco、Intel、Dell 等企業在美國成立了開放霧聯盟(OpenFog Consortium)之後,邊緣運算相關技術研究才進入蓬勃發展的時期。

如以邊緣運算發展歷史進一步觀察，不難發現邊緣運算在 2014、2015 年初期推動階段，主要是由電信或通訊服務供應商（Communications Service Provider, CSP）與資訊系統與硬體供應商（Information System and Hardware Provider）所主導；兩種類型的服務供應商，也各自在 2017 年之後，發表有關於邊緣運算的標準，前者主要由 ETSI 提出「多重接取邊緣運算」（Multi-access Edge Computing, MEC）的標準，而後者則以 IEEE 與 OpenFog 主導，提出「IEEE 1934-2018 霧運算」標準，上述兩項，也正是目前全球有關於邊緣運算，最廣泛被採用、參考的技術標準。

值得一提的是，無論是 ETIS、OpenFog 提出有關於邊緣運算的技術標準，它們對於邊緣運算出現的背景，也多半會鎖定在──「邊緣運算的出現是為了補足既有雲端服務（Cloud Service）在運算、連結、儲存，甚至是在資訊安全功能上的缺口與不足」，甚至在 2015、2016 年前後，邊緣運算推動者，也多半會將雲端視為技術對立面。

然而，當 ETSI、OpenFog 在形塑邊緣運算的技術特徵論述之時，它們也代表背後的業者類型，試圖描繪新型態融合雲端、邊緣運算、終端處理器的一般性技術階層架構，這樣的技術階層架構，大致延伸物聯網（Internet of Thing, IoT）有關於雲、網、端三個主要階層架構的認知。如圖 5-4 所示，階層架構最上層為「雲端服務」，其中包含各類型的數據應用服務；中層則為「節點管理」，此一階層包括頻內（In-Band, IB）與頻外（Out-of-Band, OOB）兩種伺服器與網路設備的遠端管理工具，其大量應用硬體資源虛擬化（Virtualization）等技術；而最下層則涉及終端設備與模組的獨立控制，其中便包括了各類型處理器（Processor）、感測器（Sensor）與微控制器。

從 ETSI、OpenFog 對於邊緣運算的技術階層架構的描繪來看，不難發現無論是電信服務供應商、資訊系統與硬體供應商，試圖以「去中心化」（Decentralization）的概念為核心，來重新定義整體產業生態系，並且重新定義不同資訊產品的階層位置。

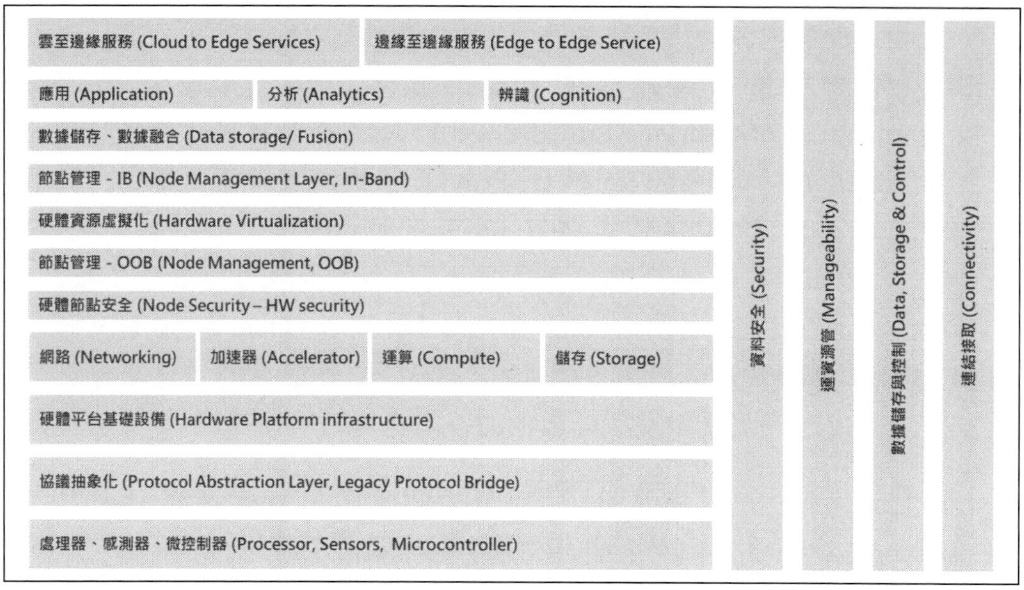

2021 資訊硬體產業年鑑

雲至邊緣服務 (Cloud to Edge Services)	邊緣至邊緣服務 (Edge to Edge Service)			
應用 (Application)	分析 (Analytics)	辨識 (Cognition)		
數據儲存、數據融合 (Data storage/ Fusion)				
節點管理 - IB (Node Management Layer, In-Band)		資訊安全 (Security)	維運資源管 (Manageability)	數據儲存與控制 (Data, Storage & Control)	連結接取 (Connectivity)
硬體資源虛擬化 (Hardware Virtualization)				
節點管理 - OOB (Node Management, OOB)				
硬體節點安全 (Node Security – HW security)				
網路 (Networking)	加速器 (Accelerator)	運算 (Compute)	儲存 (Storage)	
硬體平台基礎設備 (Hardware Platform infrastructure)				
協議抽象化 (Protocol Abstraction Layer, Legacy Protocol Bridge)				
處理器、感測器、微控制器 (Processor, Sensors, Microcontroller)				

資料來源：資策會 MIC 經濟部 ITIS 研究團隊，2021 年 7 月

圖 5-4　雲端運算與邊緣運算整體技術階層結構

2. 雲端服務供應商的邊緣運算認知

回顧邊緣運算技術發展背景，可以發現在技術、產品發展初期是由通訊服務供應商、資訊系統與硬體供應商所推動，而且兩者皆嘗試藉由技術參考架構、技術標準的擬定來描繪整體技術樣貌，以及相對於中心化雲端（Centralized Cloud）的產品生態系。然而，這樣的推動策略以及數據處理（Data Processing）作法，確實會與雲端服務供應商存在已久的技術架構、商業模式產生衝突；加上終端場域設備大量出現、數據生成總量增加、數位安全與資產概念的興起，雲端服務供應商也必須對此進行調整。

究竟雲端服務供應商如何思考邊緣運算？便成為首要必須回應的問題。

首先，表 5-2 整理出全球主要三家雲端服務供應商－Amazon Web Service（AWS）、Google Cloud Platform（GCP）、Microsoft Azure 有關於邊緣運算的定義，可以發現它們仍是以雲端運算架構為核心，

來定義邊緣運算的技術與產品特徵，可以發現雲端服務供應商對於邊緣運算的特徵描繪，大約可歸納為三項：

雲端服務供應商邊緣運算特徵描繪一：邊緣運算為雲端運算服務延伸功能。AWS、GCP、Azure 雲端服務供應商面對運算位置必須更靠近使用者、數據生成點的趨勢，仍然將雲端運算視為商業服務的核心。比如 AWS 描繪邊緣運算的功能時，便非常明確提出 AWS 的邊緣運算服務目標，是「將雲移到靠近端點」（Moving the Cloud Closer to the End-point），而 Azure 也與 AWS 相同，指出邊緣運算的根本目標是在雲端與邊緣（Cloud to Edge）兩個位置間，達到數據傳輸的最佳化，此外 Azure 也大量利用管理容器（Container），將雲端的軟體支援服務降至到邊緣位置。

從上述的角度來看，可以發現雲端服務供應商對於邊緣運算的基本預測、認知，揭示將邊緣運算視為雲端運算的延伸服務，或者直接認為邊緣運算是雲端運算在適應終端設備數據處理需求的「適應型態」（Adaptive Type），其服務本質是由雲端定義的。

雲端服務供應商邊緣運算特徵描繪二：邊緣運算與雲端形成彈性解決方案。雲端服務供應商在面對不同的應用情境（Application）以及不同頻寬、延遲率容忍程度等「數據特性」的需求之時，強調藉由「網路架構設計」（Network Architecture Design）來進行彈性化的設計，也正是因為如此，衍伸出了如架構師（Architect）等新興的專業、職業類型。如果以架構設計的角度來觀察 AWS、GCP、Azure 對於邊緣運算的認知，不難發現雲端服務供應商皆會指出雲端、邊緣結合的「彈性化架構」（Flexible Architecture），也就是會以雲端、邊緣彈性分工的思維來設計整體架構。

雲端、邊緣運算彈性架構的思維，與部分強調在地方、臨場就建立起足夠運算、儲存資源的資訊系統與硬體供應商的思維存在著相當差異；這樣的差異也體現在雲端服務供應商對於邊緣運算工作負載程度的定義，會較為聚焦在快取（Cache）、過濾功能。

雲端服務供應商邊緣運算特徵描繪三：邊緣運算為執行人工智慧推論端點。以雲端服務作為本體思考，也反映在人工智慧（Artificial

Intelligence, AI）數據訓練的模式差異。相對於部分資訊系統與硬體提供商來說，雲端服務供應商並不會特別去關注邊緣運算必須具備持續擴充的運算能力（Computing Power），從這樣的現象來看，雲端服務供應商也不會強調邊緣運算必須擁有 AI 訓練（Training）的能力，而是將邊緣運算的伺服器等裝置，視為執行 AI 推論（Inference）的端點。除此之外，依循此模式，AI 訓練所需的數據（Data）便是集中在雲端形成數據湖（Data Lake）。從 AI 模型的訓練、推論、驗證的方法（Method），能夠反映出雲端服務供應商在數據處理層面與資訊系統與硬體提供商最大的特徵差異。簡言之，雲端服務供應商的整體思考架構，即使部分運算能力能夠下放到邊緣，但數據仍是採取「集中化」模式。

表 5-2　雲端服務供應商邊緣運算定義內容比較

Company	Definition
Amazon Web Services, AWS	邊緣運算的應用程式倚靠雲端來進行處理、分析、儲存以及進行機器學習，但它會需要在數據生成位置的附近，進行一部分的處理（Processing），提供更智慧地即時回應（Real-time Responsiveness）並減少數據傳輸
Google Cloud Platform, GCP	聯網裝置數量大幅地成長，以及對於隱私、機敏、低延遲性與傳輸頻寬限制的需求，帶動了在邊緣位置執行雲端服務、雲端訓練人工智慧模型的趨勢；邊緣運算是與雲端服務相輔，提供端對端、雲端至邊緣的彈性化解決方案
Microsoft, Azure	智慧邊緣運算系統是不斷擴展的連結系統、設備整合，這些系統與設備可以在靠近使用者、數據或兩者的情境之下，蒐集、分析數據，使用者可以藉由操作快速，且具有系統關聯連性的應用程式，來實現即時回應與體驗服務

資料來源：資策會 MIC 經濟部 ITIS 研究團隊整理，2021 年 7 月

　　不僅電信與通訊服務供應商、資訊系統與硬體提供商、雲端服務供應商曾經對於邊緣運算進行定義，包含資訊軟體服務提供商及半導體設計與製造商，也曾針對邊緣運算的功能、定位進行描述，如表 5-3 所整理。然而，藉由整理上述三點雲端服務供應商之於邊緣運算

特徵的認知，可以發現相對電信或通訊服務供應商、資訊系統與軟體與硬體供應商而言，雲端服務供應商同樣允許放置在邊緣、臨場的資訊設備，如伺服器等擁有更佳的運算能力，來進行數據的「預處理」（Pre-Processing）來藉此降低對於雲端運算的壓力。不過，相對於資訊系統與軟體以及硬體供應商從邊緣運算延伸出來的「IT系統整合」（IT System Integration）甚至是整合性更強的「超融合基礎建設」（Converged Infrastructure）等地方系統整合概念，雲端服務供應商一般情境下，對於邊緣運算工作負載的認知，並非持續擴張，而是藉由雲端運算的需求來定義。

除此之外，值得留意的是，無論是雲端服務供應商的何種商業模式皆是以「數據」的運算、儲存為主要來源，而且雲端運算所提供的商業智慧（Business Intelligence）、數據管理（Data Management Service）以及用AI為基礎的高階預測與分析服務，都同樣仰賴集中化資料庫（Centralized Database），這與其他業種最大的差異點。

整體而言，藉由雲端運算的服務需求來設定邊緣運算的運算能力，以及其服務核心，仍是強調雲端話、集中化的數據處理，是雲端服務供應商有關邊緣運算的認知之上，相對於其他業種來說，最為明確的認知特徵與差異所在。

表 5-3　不同業種之於邊緣運算定義內容與比較

Industrial Classification	Definition
雲端運算服務供應商	邊緣運算與智慧終端設備，皆為雲端運算服務延伸的端點，必須倚靠穩定的網路通訊環境，多數採雲、網、端的「垂直型運算架構」，將雲端服務平台所具備的運算、儲存與AI推論等功能，放置到靠近使用者或數據生成位置
電信通訊服務供應商	邊緣運算屬於下世代行動通訊的重要環節，邊緣運算的執行位置多半與蜂巢網路的基站（Base Station）、小型基站（Small Cell）相重疊，邊緣運算主要目標是希望在行動網路的邊緣，提供雲端運算以及強化IT環境的能力
資訊系統軟體供應商	邊緣運算非常強調藉由軟體定義網路（Software-Defined Networking, SDN）與虛擬化（Virtualization）等資源管理技術的解決方案，隨著硬體與應用的複雜化，藉由軟體集中化管理技術，可以提供邊緣端的設備效率
資訊系統硬體提供商	邊緣運算是接近使用者、數據生成點的伺服器、資料中心、路由器、閘道器等資訊硬體設備所形成的邊緣運算節點（Edge Nodes）構成的運算架構，藉由分散式運算的技術，在邊緣端建立如雲端的資源池（Resource Pool）
半導體設計與製造商	邊緣運算為具備足夠運算能力的晶片組（Chipset），或者可以是搭載這些晶片組的終端設備；藉由晶片組運算能力的提高，可以降低對於雲端運算的依賴，同時強化晶片資訊安全設計，也可強化整體雲端運算環境的安全性

備註：資訊系統軟體、資訊系統硬體提供商，兩個不同業種的廠商或利害關係人，在多數情境之下會採取共同協作的模式，或者係由同一個資訊系統整合商（Systems Integrator）進行系統性整合

資料來源：資策會MIC經濟部ITIS研究團隊整理，2021年7月

（二）雲端服務供應商於邊緣運算晶片布局

1. 雲端至晶片的運算布局策略藍圖

彙整邊緣運算的技術發展背景、雲端服務供應商的邊緣運算認知，以及不同業種之於邊緣運算的比較與特徵比較，再次顯現出邊緣運算的多義性（Polysemy），而雲端服務供應商在此競合格局之中的角色變顯得特別；因為對於雲端服務供應商來說必須同時面對其他業種的競爭之外，也必須讓自身的雲端服務產品更為彈性化，如此一來才足以因應使用者對即時回應（Real-Time Response）、低延遲（Low-Latency）甚至是回應新型態資訊安全、數位資產保護（Digital Asset Protection）的挑戰。

因此，在回答「雲端服務供應商如何思考邊緣運算」問題之後，接續而來的問題是：雲端服務供應商面對邊緣運算之時，又提出什麼樣的布局「策略」與「作法」？

有關於此一部分，擔任美國普渡大學工程學院（Purdue University College of Engineering）院長以及在2019年12月被任命為美國國務卿科學技術顧問的蔣濛（Mung Chiang），在2016年發表的〈霧運算與物聯網：研究機會概述〉（Fog and IoT: An Overview of Research Opportunities）一文所提出的雲端運算與邊緣運算的四種介面（Interface），將有助於再以「網路架構設計」、「功能分工」為視角，提供我們一個健全的思考框架，用以釐清雲端服務供應商在邊緣運算的布局策略。

觀察雲端與邊緣運算的功能連結介面，可以發現共有：第一，邊緣至雲端（Edge to Cloud）；第二，邊緣至物端（Edge to Thing）；第三，邊緣至邊緣（Edge to Edge）；第四，雲端至物端（Cloud to Thing）四種功能介面，如圖5-5所示。

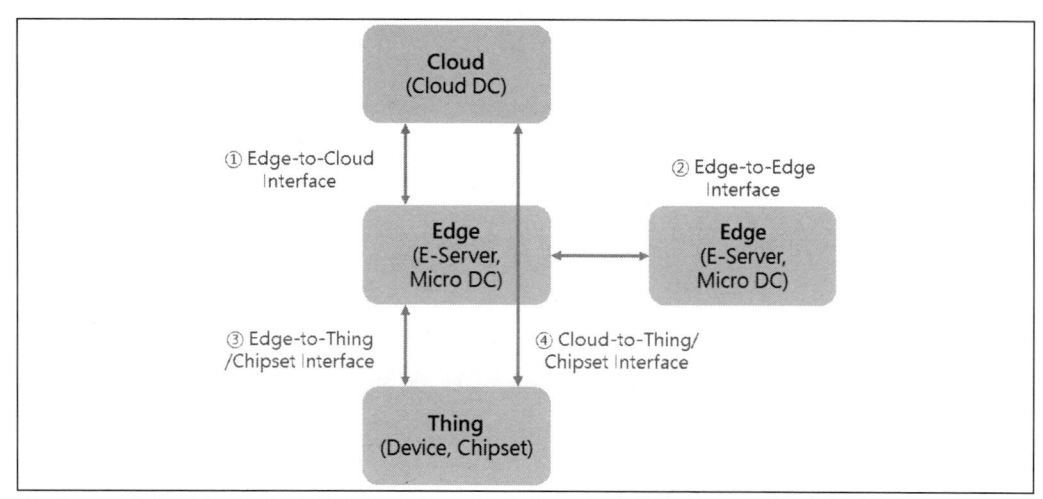

備註：在未細部區隔邊緣運算本身的產品分層，如邊緣伺服器、微型資料中心的產品分層情境之下，邊緣運算主要可分為 4 種介面（Interface）；如細部區隔邊緣運算分層，則會衍生出 7 種介面

資料來源：資策會 MIC 經濟部 ITIS 研究團隊，2021 年 7 月

圖 5-5　雲端運算與邊緣運算整體功能連結介面

　　第一種邊緣至雲端介面主要處理邊緣設備如地方伺服器、微型資料中心與雲端之間的數據傳輸，比如 AWS 在 2018 年所發表的 Snowball Edge 裝置，便可以歸屬於此一介面的產品型態；第二種邊緣至物端的介面，則是產品生態相對多元、豐富的介面，包括應用乙太網路、無線通訊技術，在邊緣的伺服器、閘道器與終端設備之間的數據傳輸網路，都屬於此一介面的產品發展樣態。而在第三種邊緣至邊緣的介面，則主要處理水平層級的數據傳輸，處於這類型介面的產品也多半會應用分散式運算（Distributed Computing）、資料分散式服務（Data Distribution Service, DDS）進行資料的同步化，相當倚賴軟體面的資料管理能力。而在第四個介面，則強調雲端與終端設備、晶片組的直接介接，比如 Google 於 2017 年所發表的 Titan 資訊安全晶片，強調藉由晶片的資訊安全設計來強化雲端的安全性，也屬於此一介面的範疇。

　　第四種「雲端至物端」（Cloud to Thing）是雲端服務供應商採用的策略，這可以從三個面向來作證：首先，Amazon、Google、Microsoft

在 2015、2016 年之後，皆投入於晶片處理器、晶片組，或者是加速器（Accelerator）的自主研發與設計，而這樣的合作，並非單純的企業轉投資策略，三家雲端服務供應商皆試圖將自主開發的處理器或晶片組鑲嵌到自家的雲端運算技術架構之中，以融入原本的雲端生態系；其次，在 Amazon、Google、Microsoft 三個雲端服務供應商所建構的雲端環境，都將具有智慧功能的處理器單元，視為其雲端基礎架構的一部分，最為明確的案例為 Google 在 2015 年發表 Cloud TPU（Cloud Tensor Processing Units）解決方案，該方案非常清晰地提出雲端與終端 TPU 之間的系統架構以及任務分工模式。最終，雲端服務供應商與「半導體設計與製造商」兩者建立起策略聯盟，比如 2016 年 Arm 提出「晶片至雲」（Chip to Cloud, C2C）策略，此種策略內涵，與雲端服務供應商所提的「雲端至物端」或「雲至晶片」（Cloud to Chip, C2C）的策略並無二致。

彙整上述所論，分別在「產品研發投資」、「產品生態系建構」、「異業策略聯盟」三個層面，明確地指出全球主要的雲端服務供應商－Amazon、Google、Microsoft 皆是以「雲端至物端」作為基礎介面，再深化到更加細部的處理器、晶片組的設計，建立起一套「雲至晶片」的總體發展策略，期望建立更為全面的雲端環境系統架構。在「雲至晶片」策略的指引之下，雲端服務供應商不僅可以應對來自資訊系統硬體、軟體提供商的競爭，以提升自身對於整體物聯網市場、數據分析市場的掌握能力。

2. AWS、GPC、Azure 的發展案例

從 Amazon、Google、Microsoft 發展路徑來觀察，全球三家主要雲端服務提供商，在其各別所轄的 AWS、GCP、Azure 雲端運算服務之中，皆能夠找出「雲至晶片」（Cloud to Chip, C2C），或者「晶片至雲」（Chip to Cloud, C2C）的策略思考。除此之外，也不難發現雲端服務供應商，幾乎是在「邊緣運算」概念甫形成的 2015、2016 年前後，就開始規劃布局底層的晶片、處理器，並且積極找尋合作對象。

然而，AWS、GCP、Azure 布局於晶片、處理器的具體「作法」，並未全然地相同，這部分除了涉及到晶片、處理器的研發能力之外，

更為重要的是涉及對於邊緣運算、數據服務的商業營運認知。以下，我們將再次依循蔣濛（Mung Chiang）2016 年所提出的邊緣運算第四種「雲端至物端」的介面定義，將布署於邊緣運算、終端設備的晶片與處理器，定義為「邊緣運算晶片」（Chips for Edge Device），以此來觀察 AWS、GCP、Azure 實現「雲至晶片」策略的細部作法，來進行綜合比較與分析。

（1）Amazon：AWS－邊緣運算晶片處理器發展項目

關於 Amazon 在邊緣運算晶片發展的歷程。Amazon 於 2015 年 1 月份併購以色列 Annapurna Labs 於 AWS 旗下，此次半導體公司的併購案被視為 Amazon 跨足半導體事業的先聲。除了 Annapurna Labs 之外，Amazon 在 2015 年 3 月亦從美國新創公司－Calxeda 招募了數名具備有資料中心晶片硬體設計能力的半導體工程師，不斷充實 Amazon 自身於半導體設計的研發能力。藉由 2015 年的併購、招募事件觀察，Amazon 在 2015 年之後便有非常明確規劃，試圖將半導體融入到 AWS 服務體系，2016 年之後 Amazon 又更加投入於此。

2016 年 1 月，Amazon 併購的 Annapurna Labs 宣布推出第一款基於 32 位元 Armv7 以及 64 位元 Armv8 的架構的－Alpine 系列處理器，按 Amazon 於新聞稿的說法，Alpine 被預期配置在居家聯網、媒體串流影音裝置；Amazon 意圖以此應對物聯網設備運算能力有限、低功耗等問題。除了 Alpine 此一種聚焦物聯網裝置的處理器，2018 年 11 月 AWS 宣布推出同樣基於 Arm 架構的伺服器晶片處理器－Graviton。此一處理器，在 Amazon 的新聞稿中，提出是基於 AWS 自身 EC2 服務需求所打造，它除了是 Intel 處理器之外的另一種選擇，相對於原先採用的 Intel 系列處理器，將更加適合 AWS 的雲端環境，宣稱可以有效提升工作負載的效果、降低客戶端的成本之外，也可以強化雲端服務安全性；2019 年 11 月份，在 Graviton 的研發基礎之上，AWS 則再次宣布推出 Graviton2 的處理器，相對於 Graviton 的處理器，Graviton2 更加適用於應用程式伺服器、視訊編碼、叢集運算等更高工作負載的應用上。

除了預期放置在居家裝置的 Alpine、雲端伺服器的 Graviton 之外，2018 年 11 月 AWS 宣布發表名為－Inferential 的 AI 推論（Inference）的特殊應用積體電路晶片（Application Specific Integrated Circuit, ASIC）；與 Graviton 相同，也是由 AWS 直接發表，預計可以支援 TensorFlow、Apache MXNet 與 PyTorch 深度學習架構。依據 AWS 新聞稿的陳述，Inferential 具備高傳輸輛、低延遲的推論效率，能夠執行複雜的 AI 模型，此外，Inferential 也可以支援 AWS EC2 的彈性化推論服務，此舉無疑協助 AWS 的雲端服務，大幅度拓展到更高階的 AI 模型與數據預測服務。

　　另一方面，Amazon 對於邊緣運算晶片的布局，符合「雲至晶片」的發展策略。在 2016 年之後 Amazon 的推動重心，明顯從 Amazon 的母公司過渡到 AWS，此外，無論是配置在終端設備的 Alpine，或是配置在雲端伺服器的 Graviton、Graviton2，甚至是專注於執行 AI 模型與推論的 Inferential，其晶片處理器的功能，皆是由雲端需求來定義，並成為 AWS 更大型如 AWS IoT Greengrass、AWS EC2 生態系不可或缺的環節。

　　如以「晶片能力取得」、「商業營收選擇」兩個個層面來看 Amazon 或者 AWS 的發展特徵，則可以更加凸顯出 AWS 投入於邊緣運算晶片處理器的細緻思考與作法。

　　首先，在晶片、處理器「晶片能力取得」層面，Amazon 採取企業併購、獵才方式，逐步計劃在企業內部，培育源於自身的晶片硬體設計的能力，而且從 Amazon 在 2015、2016 年併購、獵才的對象來看，兩者都是具備 Arm 架構開發能力的企業或專業工程師；而會有此種選擇，也反映出 Amazon 也希望藉由自身晶片的研發投入，稀釋掉長期以來由 Intel 主宰伺服器、資料中心的 x86 指令集架構晶片之市場情境。

　　其次，在發展晶片、處理器「商業營收選擇」層面，從 Amazon 所提出的自我研發晶片來看，Amazon 所關注的商業服務可以分為兩個項目：第一，如 Alexa 等智慧終端裝置及其應用情境，如智慧家庭、語音串流裝置，所延伸出的新興商業營收來源；第二，AI 智慧

服務與應用，Amazon 在 2016 年 11 月宣布推出 AWS Greengrass 軟體預覽版本之後，開始擴大關注 AI 帶來的商業收益，AWS Greengrass 強調可以在未能夠連接到網路、間接雲的邊緣運算情境之下，也可在裝置上執行 AWS Lambda 函數，而 2018 年 11 月發表 Inferential 推論晶片之後，更可在邊緣端的裝置之上，運行自雲端訓練的 AI 模型與推論，成功讓 AWS Greengrass 軟體擴及到邊緣運算。

彙整 Amazon 的邊緣運算晶片布局的作法，可歸納為二：第一，強調晶片處理器的自主研發能力，期望藉此來提升 AWS 雲端服務效率之外，也希望藉此來稀釋 Intel 的影響力；第二，在邊緣端，因應未來 AI 市場的興起，布局低功耗、現場即時反應能力的 Inferentia 晶片處理器，擴充雲端的 AI 部屬能力至邊緣運算端點，據以因應愈來愈多的聯網設備未能連結上雲端，或者處於「間歇雲」情境的數據處理需求。

（2）Google：GCP－邊緣運算晶片處理器發展項目

關於 Google 在邊緣運算晶片的發展歷程。Google 在 2016 年 5 月，宣布推出第一款應用於機器學習（Machine Learning）的張量處理器單元－TPU（Tensor Processing Unit），而 TPU 也多半被視為 Google 進入晶片處理器市場的代表案例。如果就 Google 對於 TPU 新聞稿的陳述，事實上 Google 在 2015 年時，便在 GCP 的資料中心進行試驗，雖然在 2016 年 5 月對外宣布，但一直要到 2018 年 2 月時，才在既有 GCP 平台上，提出第三方使用 TPU 的收費方案。藉由 TPU 案例來觀察，Google 採取自主研發模式，而且起初就有明確的布局重心。

在 TPU 的發展基礎之上，2018 年 7 月 GCP 在年度舉辦的 Google Cloud Next 會議宣布推出－Edge TPU 的晶片處理器，Edge TPU 相對於雲端資料中心使用的 TPU，可以滿足較低的功耗，同時也有較小的體積，也因為預期配置在邊緣運算設備之內，因此，也有較低的延遲率；而最為重要的是，Google 強調 Edge TPU 可在邊緣運算的設備之內執行機器學習推論，與 GCP 的 Cloud TPU 進行互補；2019 年 11 月，Google 又再接續提出 Mobile NetEdge TPU 模型，意圖更加優化

Edge TPU 架構。從 Google 推出 TPU 的發展歷程來看，可以發現到 Google 投入於 TPU 的核心思考有二：第一，提高雲端資料中心的效率，尤其是對於提高 Google 對於巨型資料機器學習能力的掌握程度；第二，2018 年之後，將 TPU 轉向「微型化」（Tiny）發展，此一部分也屬於 Google 最為核心的能力之一，亦即盡可能保有運算效率的前提下，讓積體電路單元的體積，可以更加適應於更小型化的邊緣運算設備、裝置之內。

然而，除了明確扣合 GCP 雲端服務體系的 TPU 之外，2017 年 3 月 Google 也宣布推出 Titan 晶片處理器，Google 指出 Titan 可以在硬體層級，便提供加密驗證機制，此舉可以從底層硬體的多重安全性設計，確保雲端資料中心整體安全性。除此之外，Google 在 2019 年正式宣布推出名為 Coral 的 AI 平台，並且整合了多種開發板模組與加速器模組（Accelerator Module），這些開發板、加速器模組嵌入了 Edge TPU，未來在開發板大量進入到各類型的應用之中，Edge TPU 也將協助 GCP、Coral 等 Google 大型雲端與數據服務，進一步下放至邊緣運算以及智慧終端的位置之上。

另一方面，Google 針對不同層級所開發出的 TPU，如 Cloud TPU、Edge TPU，甚至是針對 Edge TPU 開發出來的 Mobile NetEdge TPU 模型，充分演繹出「雲至晶片」的策略思考，其背後，不僅是由補足 GCP 的雲端服務需求，來定位晶片處理器的功能設計，其中也將晶片處理器視為執行雲端服務的端點，此舉，也將確保 Google 可以建立雲至端的產品生態系，確保終端生成的數據，能夠穩定地傳輸至 GCP 的雲端環境之中。

如以「晶片能力取得」、「商業營收選擇」兩個個層面來解析 Google 或者 GCP 的發展特徵，則可以更加凸顯出 Google 投入於邊緣運算晶片處理器的細緻思考與作法。

首先，在晶片、處理器「晶片能力取得」層面，採取自我投資研發的模式，而且鎖定應用在 TensorFlow 機器學習框架的 ASIC，在能力的孕育上，起初是以 GCP 的資料中心作為試驗場域，待晶片處理器與 GCP 的雲端平台、TensorFlow 框架驗證之後，才對外向第三方

提供使用服務。在此一過程之中，Google 有效整合了雲端服務平台、AI 與數據分析服務，以及晶片硬體設計的團隊，完成不同層級 TPU 的開發與驗證。

其次，在發展晶片、處理器「商業營收選擇」層面，相對 AWS、Azure 而言，較晚進入雲端服務市場的 Google，在商業營收選擇上，早在 2015、2016 年就觀察到 AI 在雲端市場的發展潛力，因此甚早就將 AI 視為目標的商業營收來源。在此一選擇思維之下，Google 推出 Cloud TPU、Edge TPU 與 Mobile NetEdge TPU 模型，就各自代表了不同的內涵；Cloud TPU 確保 GCP 可以用有足夠運算能力，來應用大量出現的數據，而 Edge TPU 的設計，則是 Google 嘗試確保 GCP 甚至 Coral 生態系可以進入到邊緣端、終端。換言之，藉由 TPU 的晶片處理器開發，可以串聯、整合雲端到終端的生態，能夠保全雲端平台收益之外，也可擴充到可期的 AI 應用服務。

彙整 Google、GCP 的邊緣運算晶片布局的作法，可歸納為二：第一，自主投入 TPU 的研發，先從雲端資料中心進行試驗，再微型化至邊緣運算的設備、開發板進行運行，建構一個以 TPU 為基礎的「雲至晶片」AI 服務生態系；第二，除了聚焦在 AI 應用的 TPU 之外，Google 也鎖定可以提高硬體安全性的 Titan 晶片，藉此來強化邊緣設備能夠進行多重安全性驗證，如同為 GCP 進行安全「過篩」一般，維持雲端安全性。

（3）Microsoft：Azure－邊緣運算晶片處理器發展項目

關於 Microsoft 在邊緣運算晶片發展的歷程。Microsoft 有關邊緣運算晶片、處理器的發展，最早可以回溯到 2018 年 4 月，Microsoft 在 RSA Conference 會議中，宣布推出 Azure Sphere 物聯網平台，而且幾乎是在同一時間點，宣布與聯發科技（MediaTek, MTK）合作推出名為 MT3620 的系統單晶片（System on a Chip, SoC）；在 MTK 對於 MT3620 的新聞稿陳述中，便明確指出 MT3620 是與 Microsoft 共同合作的成果，且在系統單晶片開發階段，就以依循 Azure Sphere 相容性與維護 Azure Sphere 的安全性為主要的設計準則。

第五章　焦點議題探討

　　除了上述與 MTK 的合作經驗之外，2019 年 6 月 Microsoft 宣布與 NXP 進行合作，同樣推出符合 Azure Sphere 物聯網平台認證的晶片處理器－i.MX。NXP 的 i.MX 與 MTK 的 MT3620 皆是基於 Arm 架構進行設計，宣稱具有高效率、低功耗的特徵。時間至 2019 年 10 月，Microsoft 則進一步與 Qualcomm 進行策略合作，共同推出應用於 Azure Sphere 物聯網的晶片組，強化物聯網連結至雲端的安全性。藉由上述 Microsoft 與 MTK、NXP、Qualcomm 的合作經驗來看，Microsoft 對於邊緣運算晶片、處理器的布局，主要採用與 IC 設計商「策略聯盟」的合作模式，Microsoft 提供 Azure Sphere 的「認證」給予這些 IC 設計商。雖然，Microsoft 並未提出自身品牌的晶片處理器，但藉由這種模式，Azure Sphere 物聯網平台獲快速拓展；這些 IC 設計商關注的應用場域，包括智慧家庭控制、串流影音媒體、Edge AI 與影像辨識，都成為 Azure Sphere 擴及到的場域，為 Microsoft 開闢出一條獨特的發展路徑。

　　除了物聯網應用之外，同樣值得留意的是 Microsoft 在 2019 年 11 月與英國聚焦在機器學習的半導體新創公司 Graphcore 共同開發名為－智慧處理單元（Intelligence Processing Unit, IPU）晶片處理器。在 Graphcore 的新聞稿陳述之中，IPU 處理器，擁有更好的機器學習工作負載能力，預期配置在 Microsoft Azure 雲端資料中心內。除了擁有較佳的工作負載能力之外，數個 IPU 也可擴充成為大型的運算系統，這舉，也可以協助 Azure 提升對於巨型資料、圖像資料的處理能力。未來 IPU 的應用預期將會更加強化，也可預期如同 Google Cloud TPU，廣泛為第三方提供運算服務。

　　另一方面，Microsoft 雖然相對於 Amazon、Google 而言，關注於晶片、處理器的時間稍晚，而且 Microsoft 於晶片處理器的布局，也並非投入自我品牌，而是採用與 IC 設計商合作的模式來進行；然而，即使如此，仍可以發現 Microsoft 與 Amazon、Google 相同，Microsoft 仍是以「雲至晶片」作為核心的策略思考，比如 Microsoft 提供 Azure Sphere 物聯網平台的「認證」予 IC 設計商進行開發，就是一個明確的驗證。

如以「晶片能力取得」、「商業營收選擇」兩個個層面來解析 Microsoft 或者 Azure 的發展特徵，則可以凸顯出 Microsoft 投入於邊緣運算晶片處理器的細緻思考與作法。

首先，在晶片、處理器「晶片能力取得」層面，Microsoft 與 IC 設計商的合作經驗，Microsoft 妥善運用雙方的協作時機，也同時培養自身的晶片設計與解決方案團隊，尤其是在前端、後端晶片的物理階層區塊的功能整合，形成一個更為全面的基礎建設即服務（Infrastructure as a Service, IaaS）。藉由 Microsoft 在晶片處理器的投入，不難發現未來的晶片處理器設計，朝向硬體元件軟體化整合的趨勢，將更加明確。

其次，在發展晶片、處理器「商業營收選擇」層面，相對於 AWS、GCP 而言，Azure 鎖定在一般性的物聯網市場，採認證而非自我品牌的模式，這意味著 Microsoft 並非以硬體、模組的販售作為潛在的收益來源，而是藉由大量認證，讓 IC 設計或者資訊硬體設備製造商應用，此舉，可以大量將符合 Azure Sphere 規格的開發板、模組等，擴散到各個應用領域之中，一方面可以讓 Azure 雲端平台能獲取穩定的數據來源，另一方面，Microsoft 也可以與下游廠商，建立起一個從雲端到物端的生態系，在此生態系之中，不同廠商收益來源的矛盾，可以盡可能漸少，並且持續擴充。除此之外，AI、高效率運算（High Performance Computing, HPC）亦是其鎖定的營收來源。

觀察 Microsoft、Azure 的邊緣運算晶片布局的作法，以更加嚴格的定義，Microsoft 在硬體層面，並未在邊緣運算晶片處理器進行布局，主要是以軟體層面思考邊緣運算的內涵；不過，值得一提的是，Microsoft 與 Graphcore 共同開發的 IPU 處理器，基於提供終端設備更為即時、智慧化的服務，IPU 未來將有非常大的潛力朝向微型化發展，往邊緣運算的位置移動，成為延伸 Azure 在 AI 推論、高效率運算的端點。

（三）結論

1. 雲端服務供應商的布局策略比較

　　由於雲端服務供應商的布局，與母公司的發展相互扣合，本研究嘗試以 AWS、GCP、Azure 三個雲端服務供應商為主體，整理其布局內容與比較資訊，藉此提供臺灣主要如雲端服務設備、半導體設計與製造商相關廠商，擘劃相關產品與服務之思考。

表 5-4　雲端服務供應商邊緣運算晶片布局比較

	Amazon, AWS	Google, GPC	Microsoft, Azure
核心服務	Amazon EC2	Google Cloud Platform	Azure Sphere
核心論述	Aws For the Edge	Cloud IoT Edge	Chip to Cloud
聯網架構	雲端到晶片中心化架構	雲端到晶片中心化架構	雲端到晶片中心化架構
雲端產品	Graviton, Graviton2	TPU	IPU
邊緣產品	Inferential	Edge TPU	無
物端產品	Alpine	Titan	無（採認證模式）
晶片能力	併購具備 Arm 架構能力的企業，進行自主設計研發	提供 GCP 雲端資料中心為試驗，進行自主設計研發	採用安全性認證、IC 設計廠商的策略性合作模式
AI 方案	推出自主設計的機器學習推論晶片 Inferentia，支援如 Tensor Flow、Apache MXNet 等深度學習架構	在雲端訓練 Tensor Flow 機器學習模型；然後再配置 Edge TPU 的設備上執行機器學習推論（Inference）	與 Graphcore 研發 IPU 的 AI 加速器（平行處理架構）用於 Azure 雲端伺服器，解決巨型資料量運算需求
合作夥伴	NVIDIA、Arm 等	Broadcom、Samsung、Arm 等	MTK、NXP、Arm、Qualcomm 等

資料來源：資策會 MIC 經濟部 ITIS 研究團隊整理，2021 年 7 月

2. 雲端服務供應商的未來布局方向

　　如果以 AWS、GCP、Azure 布局「非雲端」的邊緣運算晶片處理器的時間點來看,「雲至晶片」(Cloud to Chip, C2C)的發展策略,並非是雲端服務供應商因應電信或通訊服務供應商、資訊系統與硬體供應商提出「邊緣運算」的應對之道,而是期望將雲端服務深入到終端的長期戰略布局,無論是 AWS、GCP、Azure 其根本的想法皆相似,必須藉由晶片處理器的布局,來確保雲端服務的功能、收益可以更加優化。

　　雲端服務供應商,在面對傳統高效率運算(HPC)與新興 AI 模型的商業課題,前瞻未來,雲端服務供應商之於邊緣運算與晶片處理器的布局,應可歸納三個主要方向:「擴充 Arm 架構處理器應用」、「強化 Edge AI 推論晶片功能」、「選擇更開放化的產品生態系」。上述三者也分別代表著雲端、邊緣運算、物端,三個階層的方向。

第六章 未來展望

一、全球資訊硬體市場展望

(一) 全球資訊硬體市場未來展望總論

根據 IMF 研究調查，儘管疫情至今仍具不確定性，但各國經濟復甦較預期強勁，加上各個主要經濟體中以美國為首的國家皆陸續祭出大規模刺激方案，以及全球疫苗的接種計畫持續進行，2021 年全球經濟成長率預估可上調至 6.0%，2022 年可望成長至 4.4%。個別國家方面，IMF 預估美國 2021 年與 2022 年的經濟成長率為 6.4%及 3.5%；歐元區則是 4.4%及 3.8%；中國大陸 2021 年成長率可高達 8.4%、2022 年則為 5.6%；日本則為 3.3%及 2.5%。

值得注意的是，上述重要市場表現相較上期預測均為上修，例如美國上修 1.3%、英國上修 0.8%、中國大陸上修 0.3%、日本上修 0.2%、德國上修 0.1%，主要原因是 COVID-19 疫情自 2020 年春天爆發以來，美國即採取大規模的刺激政策，其中財政刺激總規模約達 5 兆美元，聯準會除了將基準利率降至趨近於零，同時斥資好幾兆美元投入資產購買計畫。其他國家如歐盟、日本與英國等亦採取類似的財政刺激政策，不過全球經濟發展最大的變因仍在於抗疫的表現，倘若疫苗計畫有更大的進展，將可望為整體資訊硬體產業帶來更佳的表現。

(二) 全球資訊硬體個別市場未來展望

1. 全球桌上型電腦市場未來展望

展望未來，2021 年 COVID-19 疫情仍持續延燒，病毒至 2021 年第二季中尚未消失，變種病毒亦還在世界上流竄，全世界疫苗的施打進度還在持續進行中。2021 年經濟復甦的步伐快慢取決於施打疫苗的速度，觀察第二季全球面對疫情的發展，歐美國家因為疫苗接種較為普及，疫情有轉趨緩和的跡象，因此倘若在下半年除了歐美國家之外，其他國家也紛紛提高疫苗施打的覆蓋率，人類對於疫情產生較高

的免疫力，日常生活可望逐漸回歸正軌，將有望為桌機產品因為企業回到辦公室上班的模式而帶動市場需求回升。

缺料事件為 2021 年最棘手的問題，從 2020 年下半年陸續開始的缺貨情況，至 2021 年並未獲得緩解，還越演越烈，尤其以各類 IC 料件的缺貨最為嚴重。在缺料情況持續延燒下，Double Booking 甚至是 Triple Booking 等問題早已顯現。然值得注意的是，全球桌機市場因為部分國家已開始陸續解封，部分品牌商與通路商嗅到市場需求的起來，因此在 2021 年的第二與第三季開始陸續追加訂單，缺料程度也進而提升。不過各家廠商及料件缺貨狀況皆不盡相同，一線品牌廠 HP、Dell、Lenovo 因為較具有議價能力，缺料狀況勢必是較二線品牌廠商為好。

2. 全球筆記型電腦市場未來展望

展望 2021 年全球筆記型電腦市場表現，COVID-19 疫情仍在全球蔓延，教育筆電市場延續 2020 年需求持續暢旺，包含日本、印尼、新加坡等地教育標案需求不斷開出的情形下，促使多家品牌廠商持續推出教育專用筆電，處理器大廠 Intel 也推出新款 N 系列的 Pentium Silver 和 Celeron 處理器，近年積極進攻教育筆電市場的聯發科亦推出兩款搭載 Chrome OS 系統的 CPU，可見品牌廠及處理器廠商希冀獲取更多教育市場訂單的決心。

然而筆電需求的大幅飆漲卻也使得上游零組件出現供不應求的情形，自 2020 年第三季便出現起料況吃緊的情形，缺料零組件包含面板、面板驅動 IC、電源管理 IC、音訊編解碼器、介面 IC 等，相關零組件供不應求的情形致使2020年部分無法完成的訂單遞延至2021年出貨，因而使得 2021 年筆電市場持續暢旺，預期上半年將受惠教育標案及訂單遞延效應的影響，將使出貨量延續 2020 年下半年的強勁，至於 2021 下半年則仍將受惠原有的旺季效應，預期 2021 年全年筆電市場將持續成長約 19.2%，出貨量預估達 238,895 千台。

3. 全球伺服器市場未來展望

展望 2021 年全球伺服器市場，COVID-19 疫情逐漸舒緩，各國相繼封閉式管理有效防堵蔓延後，疫苗施打普及率將與經濟復甦表現高度相關。在全球伺服器市場趨勢方面，遠距上班將成為常態。在微軟、臉書、Google、Twitter 等國際公司都開放申請永久遠距上班後，儘管疫情持續趨緩，仍將持續帶動相關需求。遠距上班促使資料的傳輸量大幅提升，刺激資料中心布建需求，也同步帶動伺服器需求成長。而投入遠距上班的企業越多也將推動雲端應用多元發展，形成一個正向循環，預估近年全球伺服器市場都將延續此趨勢。

此外，全球伺服器市場的脈動與伺服器中央處理器（Central Processing Unit, CPU）的推出息息相關。從主流的 x86 架構觀察，Intel 10nm 伺服器 CPU 終於在 2021Q1 實現量產，而 AMD EPYC 平台在 2021 年將持續推出新品，帶動全球伺服器市場的需求。相較 Intel 時程的不確定性，AMD 效能提升帶來的效益已逐漸弭平轉換平台的成本，尤其是在資料中心市場，預期近年來 AMD 市場占有率將保持成長趨勢。

從非 x86 架構觀察，Arm 架構的生態圈正試圖超越 Power 架構。NVIDIA 於 2021 年 GTC 大會發布基於 Arm 架構的 Grace CPU，預計於 2023 年正式推出。在 Compute2021 上，技嘉（Gigabyte）則是推出一系列搭載 Ampere Arm 架構 CPU 的伺服器。再加上 AWS 先前自研之 Graviton 伺服器晶片，微軟、Google 也在近期相繼表示正在自研 Arm 架構 CPU，因此預期使用 Arm 架構 CPU 的伺服器占比將會逐漸提升。

而在 5G 與 AI 運算逐漸普及的過程中，與電信商相關之邊緣伺服器（Edge Server）及與 AI 運算相關之高效能運算伺服器（High Performance Computing Server）的需求將連帶持續成長，將成為全球伺服器市場未來重要之動能。與雲端資料中心所需之伺服器相較，邊緣伺服器更注重於資料通訊與傳輸，並在體積上需要微型化以適應布建點的設置。而高效能運算之伺服器，透過其擴充性及功能性，可

以精準的應對高效能的資料分析、在雲端資料中心及 AI 運算的需求持續攀升的情形下，亦將帶動其成長。

4. 全球主機板市場未來展望

展望 2021 年，雖然在第二季的虛擬貨幣價格震盪影響板卡廠的營收與毛利，以及晶片產能依舊緊張未解，但全球主機板市場仍延續著 2020 年宅在家商機的需求，遠距工作、線上學習與電競娛樂等宅經濟效應熱度迄今仍未見降溫跡象，估計 2021 年整體主機板的出貨年衰退幅度可望縮小。

值得注意的是，NVIDIA 為解決虛擬貨幣價格高居不下帶動挖礦需求所衍生的顯示卡缺貨問題，於 2021 年 2 月底上市挖礦專用的 CMP（Cryptocurrency Mining Processor）系列顯示卡，藉此分流一般民眾與挖礦圈對於顯示卡的需求，避免遊戲玩家購卡權益受到影響，同時也能舒緩顯卡供貨緊張問題。

國際政經局勢方面，2021 年美國前總統川普掀起的關稅貿易戰火，並未隨著他的下臺而落幕，自 2021 年 1 月 1 日起，主機板與顯示卡關稅從零變成 25%，此次關稅提升事件勢必反應到終端零售市場價格，連帶影響消費者購買意願。除此之外，零組件供貨不足、全球運費高漲、虛擬貨幣帶動挖礦熱潮等因素，皆對整體主機板市場的出貨表現產生種種不利因素。

二、臺灣資訊硬體產業展望

（一）臺灣資訊硬體產業未來展望總論

臺灣資訊硬體產品仍以筆記型電腦、桌上型電腦、伺服器、主機板為主。2021 年臺灣筆記型電腦產值之全球市占率預估將下降 0.5%至 80.6%、2021 年臺灣桌上型電腦產值之全球市占率預估將上升 0.3%至 31.4%、2021 年臺灣伺服器產值之全球市占率預估將上升 1.3%至 22.6%、2021 年臺灣主機板產值之全球市占率預估將上升 2.0%至 90.2%，顯現臺灣資訊硬體產業仍為全球供應鏈中關鍵一環。

第六章　未來展望

　　進一步觀察2021年度資訊硬體產業之產值變化，零組件缺料問題一直未果，致使業者不得不祭出多項措施做因應，包括尋找替代料供應商與客戶等，同時亦面臨海空運運費上漲、新臺幣兌換美元的匯率升值所造成的匯損問題，都將導致產品產值的提升，因此預估臺灣資訊硬體產業總產值將從2020年的132,489百萬美元，成長15.4%至152,879百萬美元。

(二) 臺灣資訊硬體個別產業未來展望

1. 臺灣桌上型電腦產業未來展望

　　臺灣桌上型電腦產業以代工為主，由於桌機以商用市場為重，商用產品在規格與穩定度要求相對較高，臺灣桌機代工廠商因擁有技術領先、高品質、經濟規模等多項優勢，至今仍是各大品牌商首選的代工夥伴，尤其高階商用型電腦更幾乎委由臺廠生產製造。

　　展望未來，2021年COVID-19疫情持續對全球景氣造成衝擊，各國自年初開始即陸續開放民眾進行疫苗的施打，雖然病毒至今尚未被擊敗，但可看出疫情正逐步趨緩，全球解封的日子指日可待。然觀察臺灣疫情自5月急速升溫進入三級警戒，各地的確診人數在5月與6月時達到高峰，因應疫情臺灣代工廠紛紛實施分流上班、停止接洽外部訪客、會議採全面線上進行避免群聚等因應措施，不過值得慶幸的是，訂單方面影響程度不大，較為棘手的問題仍是卡在元件缺料不順導致訂單被迫遞延的情況。

　　雖然在美中政治角力與COVID-19疫情的衝擊下，使得臺灣代工廠商加速產業供應鏈移動的決心，然而臺灣因為土地資源與水電缺乏等問題，因此選擇在臺生產比例仍舊不高，除非是輸往美國的產品，為避免在中國大陸生產需多課徵一層25%的關稅問題，才會改由臺灣或是選擇去東南亞國家進行組裝的動作，因此2020年在臺生產比例仍僅約3%。

2. 臺灣筆記型電腦產業未來展望

　　臺灣筆記型電腦產業以OEM/ODM代工形式為主，長期維持8成左右的代工比重，與全球市場關聯性高，除了是因為臺灣代工廠具

備產品雛型開發與設計能耐外，具備成熟且完整的臺灣 IC 設計產業更成為臺灣代工業者重要奧援。

2020 年 COVID-19 疫情蔓延全球，疫情致使人們生活型態改變，零距離接觸商機推動筆電需求大幅提升，其中，在遠距教學的帶動下，教育筆電需求暢旺，讓身為 Chromebook 主力代工廠商的臺灣業者出貨量大幅提升，也因而使得臺灣筆電出貨量在全球筆電產業的占比攀升。2021 年隨著各國教育標案持續釋出，教育筆電需求持續，將使臺灣筆電產業持續受惠。

另外，Intel、AMD 及 NVIDIA 等處理器紛紛推出新款處理器來搶占疫後筆電商機，Apple M1 效能亦獲得市場不錯的接受度，相關筆電機種的堆陳出新，也將持續提升 2021 年臺灣筆記型電腦產業的發展。

然而，自 2020 年下半年出現的筆電缺料情形，致使筆電製造商無法按時出貨導致訂單遞延。2021 年，在多項零組件的持續缺料下，讓品牌廠及 ODM 廠紛紛向上游祭出加價搶購等不同因應措施，連帶使得筆電廠商同步面臨漲價壓力。與此同時，全球陸海空運運費的上漲，以及近期新臺幣兌換美元的匯率升值所造成的匯兌損失，均促使臺灣代工廠商出現調漲代工費用的情況，筆電代工 ASP 的調漲雖有利於臺灣筆電產業產值的提升，但更需注意的是缺料情況導致的出貨遞延效應，對於臺灣筆電產業所可能造成的影響。

此外，由於臺灣疫情自 2021 年 5 月起開始升溫，確診人數的提高讓筆電代工廠無不提高防疫措施，進行人流管制，然而由於現階段臺灣筆電代工廠的生產據點仍多以中國大陸為主，雖在美中貿易糾紛下，有部分廠商進行生產據點的更新，但在疫情及美中對關稅加徵動作減緩後，廠商產能移動布局減緩，僅有部分因具資安疑慮的產品，或是客戶特殊需求之訂單才會在臺灣當地進行生產製造，2020 年在臺生產比例僅約有 2%。

另外，在 2020 年中國大陸疫情爆發之時，已讓企業制訂了一定的疫情應對方針，且在零組件供應方面，由於目前筆電缺料狀況仍舊

第六章　未來展望

主要是因上游產能供應不足所致，尚未因疫情受到影響，因此即便臺灣疫情轉趨嚴峻，仍不至於影響整體筆電出貨狀況。

3. 臺灣伺服器產業未來展望

展望 2021 年，從供給端而言，全球的半導體出現缺貨現象，伺服器關鍵零組件也遭遇相同挑戰，電源供應器（PSU）、PCB 乃至零組件也都出現產能緊繃的情形。目前伺服器交貨仍維持正常狀況，然若缺料情形持續發生，交貨期將因此不斷拉長。與此同時，大型伺服器組裝廠開始出現超額預訂（Overbooking），擠壓了中小規模生存空間。由於產能難以迅速滿足，預估至 2021 年下半年仍將維持此緊繃狀態。

從需求端而言，在雲端資料中心需求持續上升、高效能運算（HPC）及 AI 運算增加、以及 5G 與邊緣運算的帶動之下，伺服器需求將持續上升。同時 Intel 與 AMD 新伺服器處理器量產可望帶動換機潮，因此 2021 年伺服器的需求將高於 2020 年。

在新品方面，Intel 於 2021 年出延遲已久的 Whitely 伺服器平台，代號 Ice Lake 的第 3 代 Xeon Scalable 可擴充處理器。其採用 Intel 10nm 製程，使用 Sunny Cove 微架構，最高可達 40 核心，支援 8 通道 DDR4，單一插槽可擁有 64 條 PCIe 4.0 通道。Intel 標榜其相較前一代，於資料中心工作效能提升 46%，於人工智慧（AI）運算方面則可提升 76%的效能。

而 AMD 亦推出 Millan 新伺服器處理器平台，採用台積電 7nm 製程，使用 Zen3 微架構，最高可達 64 核心，支援 8 通道 DDR4，單一插槽可擁有 128 條 PCIe4.0 通道。在雲端資料中心、AI 運算等需求持續提升的情形下，Intel 及 AMD 均開始積極研發能夠更加適應資料中心的處理器，並導入協助 AI 運算的相關技術。

值得關注的是，在中美貿易、科技戰，以及 COVID-19 疫情的影響下，臺灣代工廠將部分伺服器產線移回本國。美國對於中國大陸於關鍵科技產品、基礎建設限制趨嚴，導致如伺服器等產品需要將輸往兩國的 BOM、料件及產線進行拆分，藉此來規避可能的風險。此外，

自 2021 年 5 月，臺灣本土疫情爆發，儘管當前對於伺服器產能尚無嚴重的影響，若是相關供應鏈出現群聚感染的狀況，將會影響到伺服器生產及出貨。

綜上所述，預期臺灣 2021 年伺服器系統及準系統出貨表現將較 2020 年成長 6.5%，出貨約達 4,737 千台。主機板出貨表現將較 2020 年成長 3%，出貨約達 5,563 千片。

4. 臺灣主機板產業未來展望

全球主機板之區域排名，臺灣長年位居首位，產量在全球市占比重約達八成以上，因主機板品質控管能力佳，故國際 PC 品牌大廠與臺灣主機板廠商長期保持穩定合作。純主機板比重占臺廠出貨量四成左右，主要客群為 PC DIY 用戶，雖然近年來消費者會自行組裝電腦的比例越趨減少，但因為 COVID-19 疫情導致民眾被限制外出，民眾都宅在家的因素反倒推升使用者升級家中電腦設備以提升效能意願，加上宅經濟刺激下的電競風潮旺盛，間接帶動整體主機板的市場表現。

臺灣主機板自有品牌大廠包含華碩、技嘉及微星等，受惠於疫情期間在電競及 PC DIY 使用者的需求增加下，刺激消費者購買主機板意願，其中的電競主機板因為屬於高階產品，將有利於臺灣主機板廠商的毛利提高。

2021 年仍延續 2020 年宅在家的商機熱度，遠距工作、線上學習與在家娛樂等需求依舊暢旺，然因交通運輸的物流管制、零組件缺貨嚴峻及運費飆漲等種種不利因素下，供貨缺口仍相當吃緊，恐將連帶影響整體主機板的銷售表現。零組件缺貨事件自 2020 下半年陸續發生，尤以各類 IC 供貨不足情況最為嚴重，歸納原因與新品輩出以及市場需求高漲有關，突發性的大缺貨問題造成即使品牌廠滿手訂單也無法出貨的窘況，短期內尚無法獲得緩解。

至 2021 上半年供貨不足問題超過半年以上，零組件廠商已積極在增加產能以因應供貨缺口，預估最快 2022 年初時市場需求逐步恢復正常水平時應可獲得初步解決。臺灣本土疫情自 2021 年 5 月急速

升溫，不過因為臺灣主機板代工廠商生產據點有九成左右位於中國大陸，僅有少量高階產品於臺灣生產，因此對於主機板產能較無明顯影響，反倒是上游缺料狀況導致的產能不足問題，才是影響整體主機板出貨的關鍵。

附錄

一、範疇定義

(一) 研究範疇

研究項目	研究範疇
資訊硬體產業	資訊硬體產業範疇，主要以資訊硬體產品及其產業為代表，涵蓋四大產品包括桌上型電腦、筆記型電腦（含迷你筆記型電腦）、伺服器、主機板等
業務型態	臺灣資訊硬體產業產銷調查各產業業務型態包括下列幾種： ● ODM：製造商與客戶合作制定產品規格或依據客戶的規範自行進行產品設計，並於通過客戶認證與接單後進行生產或組裝活動 ● OEM：製造商依據客戶提供的產品規格與製造規範進行生產或組裝活動，不涉及客戶在產品概念、產品設計、品牌經營、銷售及後勤等價值鏈活動 ● OBM：製造商根據自己提出的產品概念進行設計、製造、品牌經營、銷售與後勤等活動
區域市場	本研究調查區域市場範圍如下： ● 北美（North America）：美國、加拿大 ● 西歐（West Europe）：奧地利、比利時、瑞士、法國、德國、希臘、義大利、葡萄牙、西班牙、英國、愛爾蘭、荷蘭、丹麥、瑞典、挪威、芬蘭 ● 亞洲（Asia & Pacific）：日本、中國大陸、不丹、印度、錫金、越南、北韓、泰國、菲律賓、新加坡、尼泊爾、孟加拉、馬來西亞、斯里蘭卡、印度尼西亞 ● 其他地區：中南美洲、除西歐之外歐洲其他國家、大洋洲、非洲、中東

資料來源：資策會 MIC 經濟部 ITIS 研究團隊整理，2021 年 7 月

（二）產品定義

研究項目	產品定義
桌上型電腦 （Desktop PC）	桌上型電腦係指個人電腦類型之一，研究範圍包括Tower or Desktop、Slim type和AIO PC三類。桌上型電腦的產品出貨型態可區分為全系統和準系統，全系統係指裝置CPU，加上HDD、CD-ROM、DRAM等關鍵零組件，並且安裝作業系統，整機測試等。準系統係指半系統加上主機板或裝置輸入、輸出等元件。另全系統的產值統計僅計算電腦系統本體，不計入液晶監視器與相關周邊如鍵盤、滑鼠等部分。但一體成形式桌上型電腦由於採All-in-One設計，因此將面板價值亦納入統計
筆記型電腦 （Notebook PC）	筆記型電腦為個人電腦之一種形式，相對於桌上型電腦，其係指具可移動特性，且在機構設計上多呈書本開闔型態之個人電腦，研究範圍為螢幕尺寸為7吋以上（包含10.4吋）之筆記型電腦。產品出貨型態可區分為全系統和準系統，全系統係指可直接開機使用之產品。準系統係指完成度高於主機板，但仍缺CPU、HDD或LCD Display等任一關鍵零組件以上之產品
伺服器 （Server）	伺服器係指於製造、行銷及銷售時就已限定作為網路伺服用途之電腦系統，並可在標準的網路作業系統（如Unix、Windows及Linux等）之下運作。伺服器的產品出貨型態可區分為全系統和準系統，全系統係指已安裝主機板、CPU、記憶體、硬碟，可直接開機之伺服器產品。準系統係指不包含CPU、記憶體、硬碟，但已安裝主機板，並可安裝光碟機之伺服器產品
主機板 （Mother Board）	主機板係指應用於桌上型電腦，且其出貨時多半不含CPU或是DRAM之出貨形式，然亦出現少量將CPU或DRAM直接焊接於印刷電路板上之產品，其運作方式與一般主機板相同，因此這類主機板亦列入研究範疇

資料來源：資策會MIC經濟部ITIS研究團隊整理，2021年7月

二、資訊硬體產業重要大事紀

時間	重大事件
2020 年 1 月	<ul><li>豐田汽車計劃 2025 年純電動汽車銷量達 50 萬輛</li><li>歐盟公布新一代通信標準之 5G 網路安全措施指南，沒完全排除華為設備</li><li>Google 以 21 億美元完成 Fitbit 收購案，取得智慧手錶軟硬體技術及龐大用戶資料</li><li>為強化 5G 網路資安，歐盟發布風險緩解措施工具箱</li><li>中國大陸新能源汽車補貼政策，原訂於 2020 年退場決定擬暫緩</li></ul>
2020 年 2 月	<ul><li>特斯拉與 Panasonic 結束太陽能電池合作業務</li><li>歐盟公布 AI 人工智慧白皮書，確保資訊安全與隱私問題</li><li>歐盟提出歐洲資料戰略，訂定資料開放共享政策與法制調適框架</li><li>為強化資料安全，愛爾蘭發布控制者資料安全指引</li><li>南韓公布「汽車零件供應穩定方案」，協助業者解決零件供應短缺問題</li></ul>
2020 年 3 月	<ul><li>歐盟公布《歐洲新工業戰略》，協助歐洲工業面對氣候中和及數位轉型之挑戰</li><li>歐盟提出新版循環經濟行動方案，此方案為歐洲綠色協議中的重要部分，旨在實現歐洲綠色經濟願景，在強化歐盟競爭力的同時兼顧環境保護，並賦予消費者新的權力</li><li>SHARP 收購 NEC 旗下商用顯示器解決方案子公司 NDS</li></ul>
2020 年 4 月	<ul><li>歐盟版權改革第一槍！法國競爭管理局對 Google 祭出新規範</li><li>推動電動車電池第二春，Honda 與法電池回收公司擴大合作</li><li>NVIDIA 宣布以 70 億美元正式完成收購 Mellanox（邁倫科技），借助 Mellanox 的高效能連網技術，欲成為下世代資料中心主要驅動力</li><li>國際電機電子工程師學會（IEEE）公開發布 IEEE 802.3 乙太網路頻寬評估（BWA）報告，說明包含影片串流、超大規模資料中心、5G 與 Wi-Fi 等流量密集型服務的供應趨勢</li></ul>
2020 年 5 月	<ul><li>德法點頭提歐洲復興計畫 建議歐盟執委會舉債 5,000 億歐元</li><li>TSMC 宣布在美國亞利桑那州興建一座 12 吋先進晶圓廠，預計 2021 年動工，2024 年開始量產，規劃以 5nm 製程生產半導體晶片</li><li>NVIDIA GTC 大會中介紹新一代繪圖晶片 Ampere 架構 A100 GPU</li></ul>

時間	重大事件
2020年6月	<ul><li>歐盟提出2021-2027年數位歐洲計畫，加速歐盟復甦和推動歐洲數位轉型</li><li>德國發布氫能戰略，布局新能源帶動經濟復甦，為未來氫能的製作、運輸、使用和再利用，以及相應的創新和投資制定完整的行動框架</li><li>Apple於WWDC 2020宣布自行研發Arm架構晶片，並推出全新作業系統macOS Big Sur</li><li>Google與Parallels合作，讓Chrome Enterprise方案所提供Chrome OS、Chrome瀏覽器，可使用Windows原生應用程式</li></ul>
2020年7月	<ul><li>歐盟宣布有鑑於消費者端的IoT在未來幾年快速成長，將對IoT裝置及服務展開反托拉斯調查</li><li>歐盟正式推出《能源系統一體化戰略》和《氫能源戰略》，其中「氫能源戰略」為「能源一體化戰略」的關鍵，為工業生產、交通運輸等領域實現去碳化</li><li>英國政府宣布從2021年起禁止採購新的華為5G設備，且在2027年底之前，當地電信業者的5G網路需移除所有華為設備</li><li>美國能源部公布量子網路藍圖，計劃10年內打造無法被駭的新網路系統</li></ul>
2020年8月	<ul><li>美國政府計劃砸逾180億元成立超級計算研究中心</li><li>美國宣布乾淨網路計畫，整頓App商店、電信商、雲端、電纜</li><li>南韓科學與資通訊部宣布在2025年前，將投入2147億韓圜（約1.81億美元）進行6G研發，並期望在2028年將6G行動網路正式商業化，藉此讓南韓在行動通訊與其他相關產業技術上居於領先地位</li><li>中國大陸扶植自有開源雲端平臺Gitee以取代開發者仰賴的GitHub</li><li>聯發科NB-IoT晶片完成全球首次5G衛星資料傳輸測試</li><li>Google海底電纜計畫因美國政府提出國安顧慮之後，放棄原本連接香港的選項，改連臺灣與菲律賓</li><li>Intel於2020年架構日揭示全新10奈米SuperFin技術</li></ul>

時間	重大事件
2020 年 9 月	- 歐盟宣布將在超級運算領域投資 80 億歐元 - NVIDIA 以 400 億美元收購軟銀旗下的半導體部門 Arm - Intel 推出 Tiger Lake 筆電 CPU，適用於 Windows 及 Chrome OS 系統，同時推出新的 Intel Evo 平台，針對輕薄筆電進行認證 - 9/15 華為禁令生效，凡使用美國技術、軟體及設備之美國企業及非美企業，均不可再供貨給華為及實體清單中所有企業 - 中國大陸提出《全球數據安全倡議》，反擊美國的乾淨網路計畫 - 廣達、宏碁、聯發科與 Google 合作組成 Chromebook 產業鏈，推動教育數位轉型
2020 年 10 月	- AMD 宣布以 350 億美元收購 FPGA 龍頭賽靈思，擴大產品組合前進伺服器市場 - Marvell 宣布以 100 億美元買下網通晶片 Inphi，搶進雲端及 5G 戰場，擴張網路晶片業務，確保伺服器高速網路市場 - 歐洲網路 AI 卓越中心舉辦啟動會議，目的是確立歐洲未來 AI 合作發展的基調，並在會議後歐盟議會隨即通過三大面向的 AI 監管規則，期望透過這些規範讓歐盟成為 AI 開發的全球領導者
2020 年 11 月	- 蘋果發布全新 Arm 架構 M1 處理器，採 TSMC 5 奈米量產 - RCEP 誕生，區域經濟對抗拉開序幕 - NVIDIA 推全球最強 GPU A100 加持 AI 運算
2020 年 12 月	- 歐盟公布《數位服務法 Digital Services Act》（DSA）和《數位市場法 Digital Markets Act》（DMA）立法提案，以便規範在歐盟營運的大型科技公司之壟斷行為 - 鴻海工業富聯打造衡陽智造谷，秀開放式燈塔工廠 - 美國 FAA 放行，無人機商用邁大步 - 美光科技在臺灣製造廠區獲 WEF 評選為「燈塔工廠」 - 日本經產省發布 2050 年碳中和目標工程圖「綠色成長戰略」，釋出各產業領域在 2030 年~2050 年的目標工程圖

資料來源：資策會 MIC 經濟部 ITIS 研究團隊整理，2021 年 7 月

三、中英文專有名詞縮語／略語對照表

英文縮寫	英文全名	中文名稱
AIO PC	All-in-One PC	一體成型電腦
AMD	Advanced Micro Devices	超微半導體
AMOLED	Active-Matrix Organic Light-Emitting Diode	主動矩陣有機發光二極體
ASP	Average Selling Price	平均銷售單價
CMOS	Complementary Metal-Oxide-Semiconductor	互補式金屬氧化物半導體
CPU	Central Processing Unit	中央處理器
DRAM	Dynamic Random Access Memory	動態隨機存取存儲器
DSLR	Digital Single Lens Reflex Camera	數位單眼相機
EIU	Economist Intelligence Unit	英國經濟學人智庫
EMS	Electronic Manufacturing Service	電子製造服務
GDP	Gross Domestic Product	國內生產毛額
GNP	Gross National Product	國民生產毛額
GPS	Global Positioning System	全球衛星定位系統
IGZO	Indium Gallium Zinc Oxide	氧化銦鎵鋅
IMF	International Monetary Fund	國際貨幣基金組織
IT	Information Technology	資訊科技
ITIS	Industry & Technology Intelligence Service	產業技術知識服務計畫
LCD	Liquid Crystal Display	液晶顯示器
LTE	Long Term Evolution	長期演進技術
LTPS	Low Temperature Poly-Silicon	低溫多晶矽液晶顯示器
M1B	Monetary Aggregate M1B	貨幣總計數 M1B
M2	Monetary Aggregate M2	貨幣總計數 M2
MILC	Mirrorless Interchangeable Lens Camera	無反光鏡可換鏡頭相機
NFC	Near Field Communication	近距離無線通訊
OBM	Original Brand Manufacturing	自有品牌
ODM	Original Design Manufacturing	原廠設計製造商
OEM	Original Equipment Manufacturing	原廠設備製造商

英文縮寫	英文全名	中文名稱
OECD	Organization for Economic Cooperation and Development，	經濟合作暨發展組織
PC	Personal Computer	個人電腦
TDP	Thermal Design Power	散熱設計功率
WB	World Bank	世界銀行

四、參考資料

（一）參考文獻

1. 2020 資訊硬體產業年鑑，經濟部技術處，2020 年

（二）其他相關網址

1. 國際貨幣基金組織，https://www.imf.org/external/index.htm
2. 經濟學人智庫，https://www.eiu.com/n/
3. 行政院主計總處，https://www.dgbas.gov.tw/
4. 經濟部統計處，https://www.moea.gov.tw/
5. 財政部統計處，https://www.mof.gov.tw/
6. 經濟部投資審議委員會，https://www.moeaic.gov.tw/
7. 中央銀行，https://www.cbc.gov.tw/
8. Microsoft，https://www.microsoft.com/
9. Google，https://www.google.com/
10. NVIDIA，https://www.nvidia.com/
11. Intel，https://www.intel.com.tw/
12. Dell，https://www.dell.com.tw/
13. 聯想，https://www.lenovo.com/
14. 華為，https://consumer.huawei.com/
15. 研華，http://www.advantech.tw/
16. 凌華，https://www.adlinktech.com/

國家圖書館出版品預行編目資料

```
資訊硬體產業年鑑. 2021/魏傳虔，黃家怡作. -- 初版. -- 臺北市：財
   團法人資訊工業策進會產業情報研究所出版：經濟部技術處發行，民
   110.09    面；    公分
ISBN 978-957-581-834-0(平裝)


1.電腦資訊業 2.年鑑


    484.67058                                      110013798
```

書　　　名：2021 資訊硬體產業年鑑
發　行　人：經濟部技術處
　　　　　　臺北市福州街 15 號
　　　　　　http://www.moea.gov.tw
　　　　　　02-23212200
出版單位：財團法人資訊工業策進會產業情報研究所（MIC）
地　　址：臺北市敦化南路二段 216 號 19 樓
網　　址：http://mic.iii.org.tw
電　　話：(02)2735-6070
編　　者：2020 資訊硬體產業年鑑編纂小組
作　　者：魏傳虔、黃家怡、黃馨、陳牧風、勵秀玲、林信亨、施柏榮、林巧珍、盧冠芸
其他類型版本說明：本書同時登載於 ITIS 智網網站，網址為 http://www.itis.org.tw
出版日期：中華民國 110 年 9 月
版　　次：初版
劃撥帳號：0167711-2『財團法人資訊工業策進會』
售　　價：電子檔－新臺幣 6,000 元整；紙本－新臺幣 6,000 元
展售處：ITIS 出版品銷售中心/臺北市八德路三段 2 號 5 樓/02-25762008／http://books.tca.org.tw
ISBN：978-957-581-834-0
著作權利管理資訊：財團法人資訊工業策進會產業情報研究所（MIC）保有所有權利。欲利用本書全部或部分內容者，須徵求出版單位同意或書面授權。
聯絡資訊： ITIS 智網會員服務專線 (02)2732-6517

著作權所有，請勿翻印，轉載或引用需經本單位同意

Information Industry Yearbook 2021

Compiled by：Chuan-Chien Wei, Chia-I Huang, Hsin Huang, Mu-Feng Chen, Hsiu-Ling Li, Hsin-Heng Lin, Po-Jung Shih, Chiao-Chen Lin, Kuan-Yun Lu

Published in September 2021 by the Market Intelligence & Consulting Institute.（MIC）, Institute for Information Industry

Address：19F., No.216, Sec. 2, Dunhua S. Rd., Taipei City 106, Taiwan, R.O.C.

Web Site：http://mic.iii.org.tw

Tel：（02）2735-6070

Publication authorized by the Department of Industrial Technology, Ministry of Economic Affairs

First edition

Account No.: 0167711-2（Institute for Information Industry）

Price：NT$6,000

Retail Center：Taipei Computer Association

　　　　　　Web Site：http://books.tca.org.tw

　　　　　　Address：5F., No. 2, Sec. 3, Bade Rd., Taipei City 105, Taiwan, R.O.C.

　　　　　　Tel：（02）2576-2008

All rights reserved. Reproduction of this publication without prior written permission is forbidden.

ISBN：978-957-581-834-0